MATHEMATICAL
SUDOKU
PUZZLE BOOK FOR ADULTS

I0477568

KILLER, SANDWICH AND FRAME SUDOKU PUZZLES

120 LARGE PRINT SUDOKU VARIATIONS TO TEST YOUR CALCULATION AND LOGIC SKILLS

INDEX

Killer Sudoku Rules

Killer Sudoku is a logic puzzle based on a 9x9 grid and its rules include:

1. Fill each row, column and 3x3 region with numbers 1 to 9 only once.
2. Every cell is a part of a cage, indicated by a dotted line shape and a number (the sum) in its upper left corner. Make sure the cells can be added up to the sum of its cage.
3. Numbers cannot repeat within cages.

Following is a partially solved puzzle:

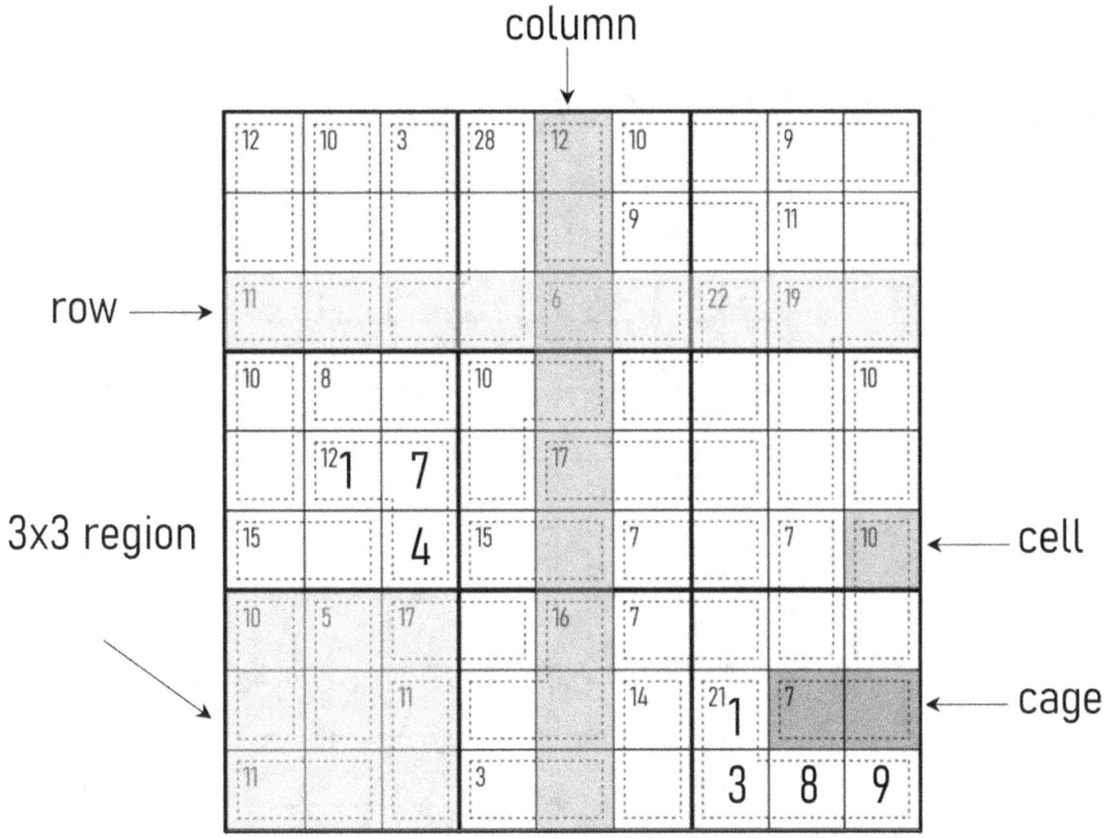

Note the sums adding up: (1+7+4=12), (1+3+8+9=21)

Calcudoku Rules

Calcudoku is a mathematical and logical puzzle that combines the challenges of Sudoku with basic arithmetic. The objective is to fill the grid with the digits from 1 to 9, such that:

- Each row contains exactly one of each digit.
- Each column contains exactly one of each digit.
- Each bold-outlined group of cells (block) contains digits that use the specified mathematical operations (addition, subtraction, multiplication, and division) to achieve the specified result.
- Digits may repeat within a block.

Following is a partially solved puzzle:

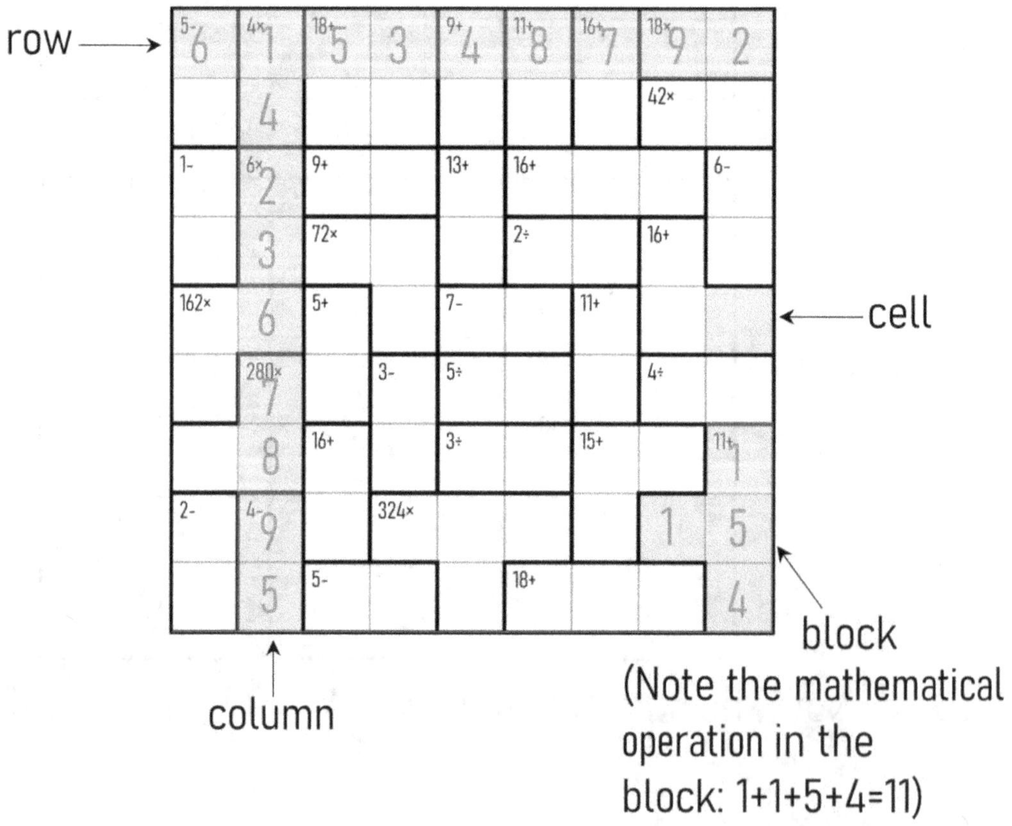

Kakuro Rules

Kakuro (also known as "Cross Sums") is a logical puzzle, a mathematical equivalent of crosswords. The puzzle consists of a playing area of empty cells similar to a crossword puzzle. Some black cells contain a diagonal slash from top left to bottom right with numbers in them, called "the clues". A number in the top right corner relates to an "across" clue and one in the bottom left a "down" clue.

The object of a kakuro is to insert digits from 1 to 9 into the white cells to total the clue associated with it. However no digit can be duplicated in an entry. For example the total 6 you could have 1 and 5, 2 and 4 but not 3 and 3.

Following is a partially solved puzzle:

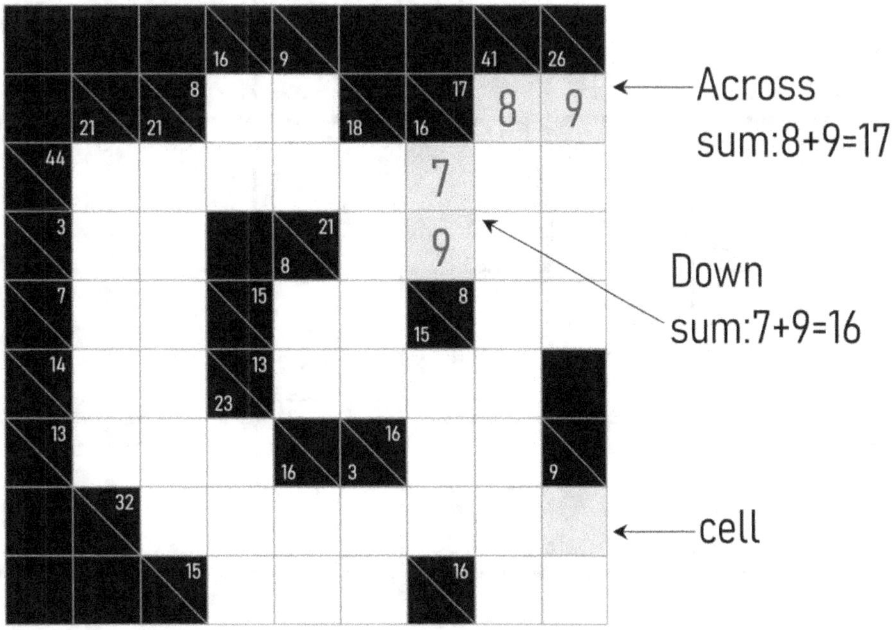

KILLER SUDOKU

PUZZLE 1 - EASY

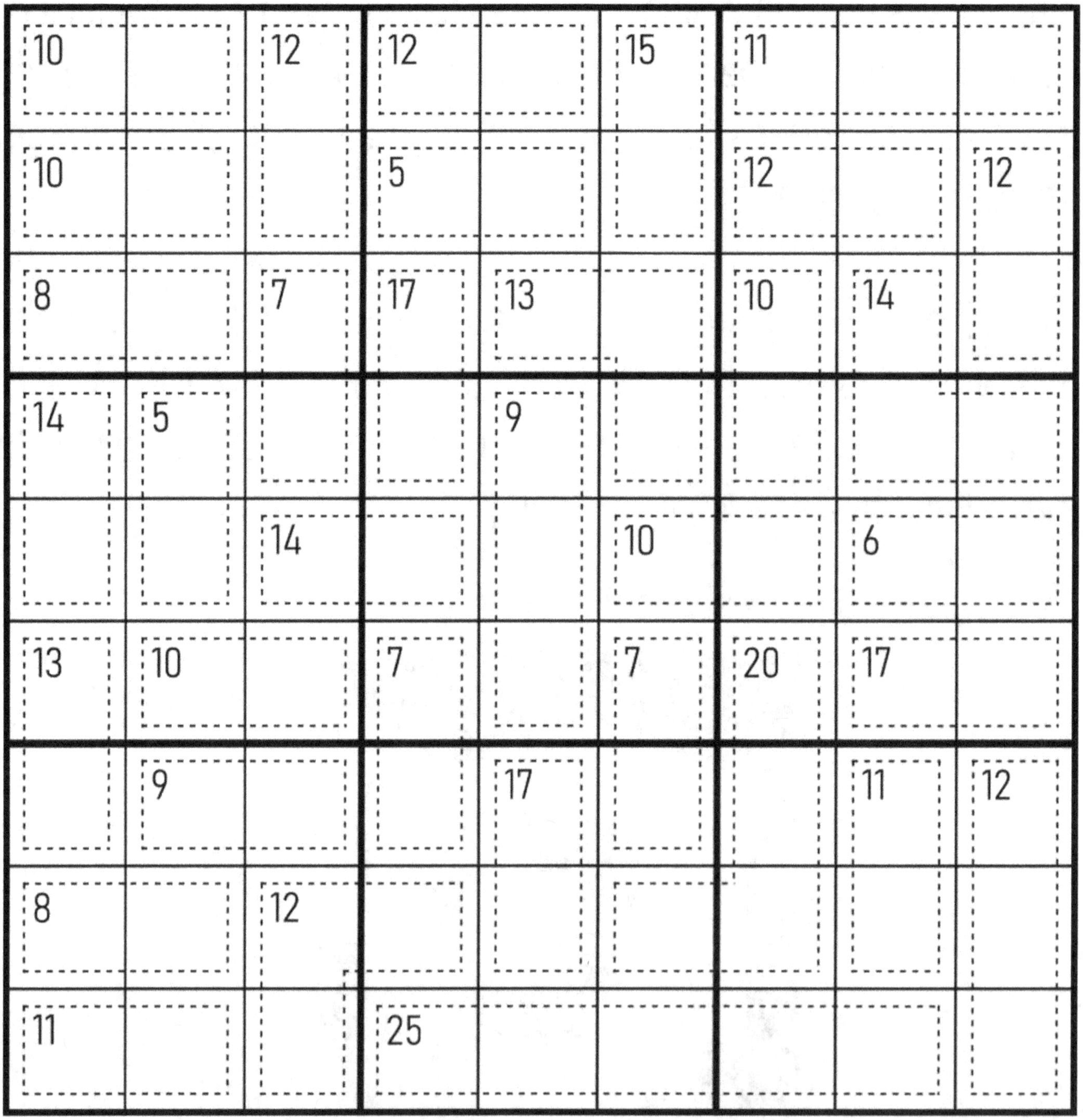

KILLER SUDOKU

PUZZLE 2 - EASY

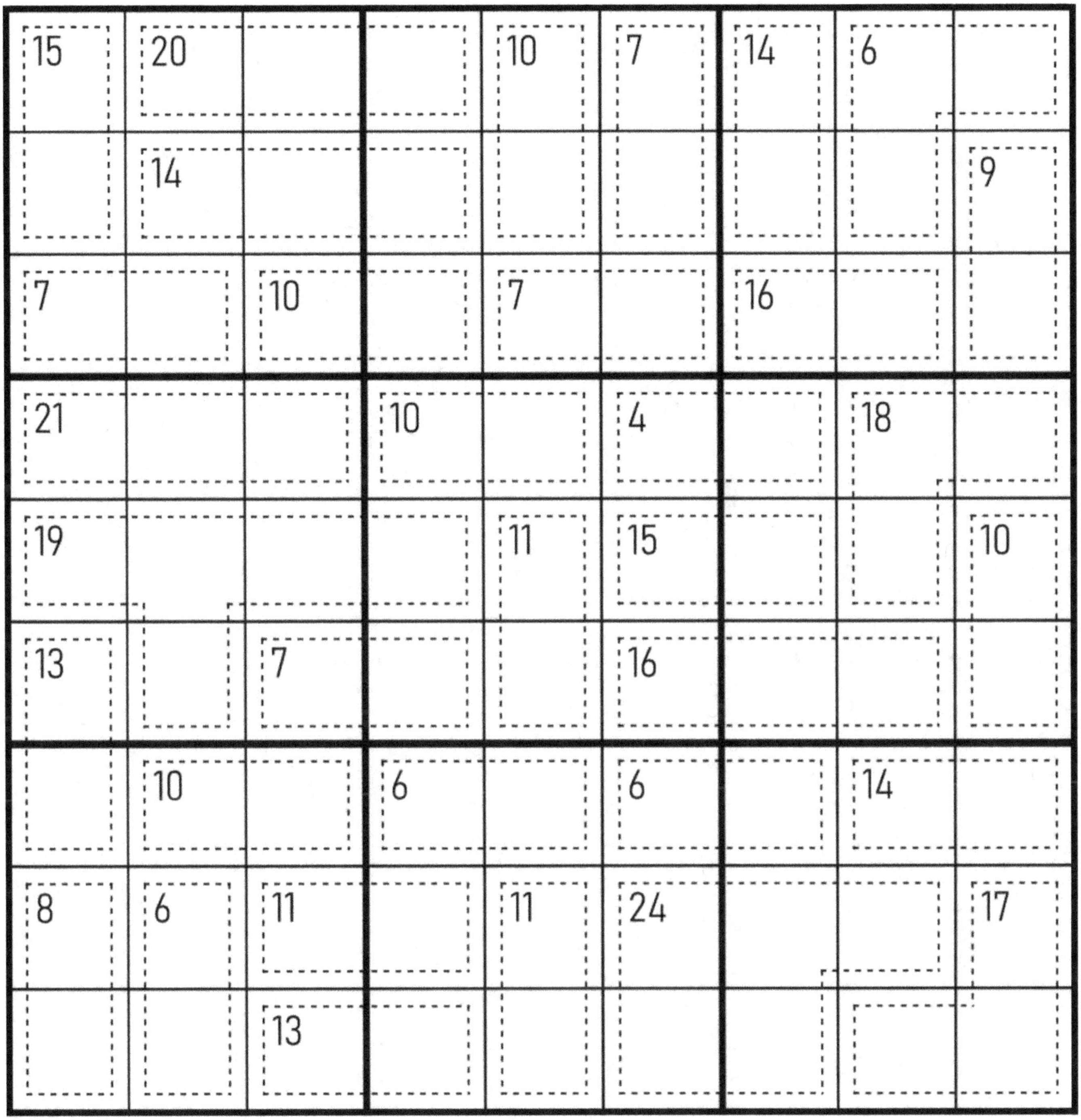

KILLER SUDOKU

PUZZLE 3 - EASY

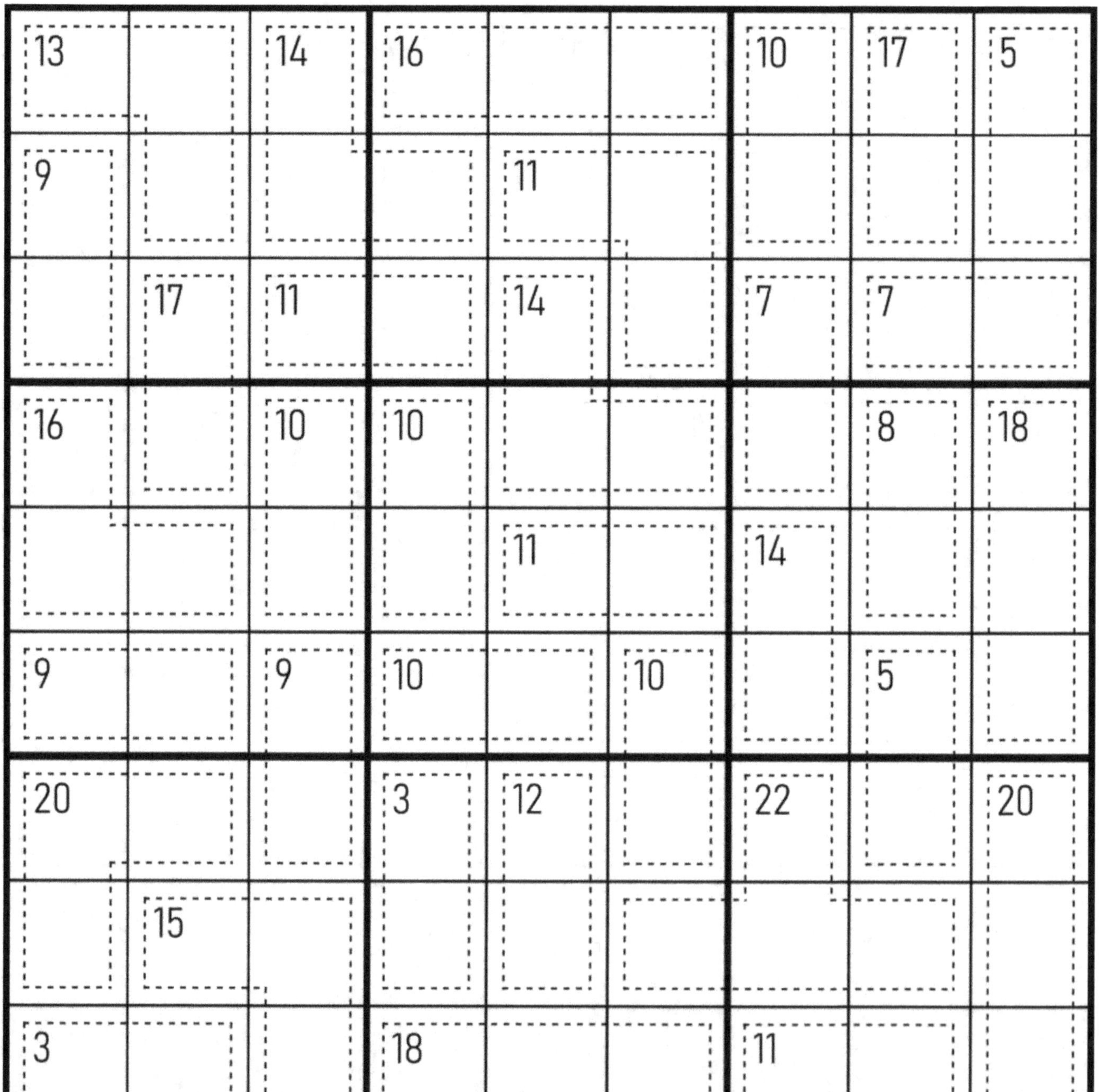

KILLER SUDOKU

PUZZLE 4 - EASY

24			9	20		12	8	
9							14	
7		14	9	9	10			22
16					11	6		
12		13		11			5	
	7	10	16		10		14	
				14		11		
10	7				12	9	23	
	15		6					

KILLER SUDOKU

PUZZLE 5 - EASY

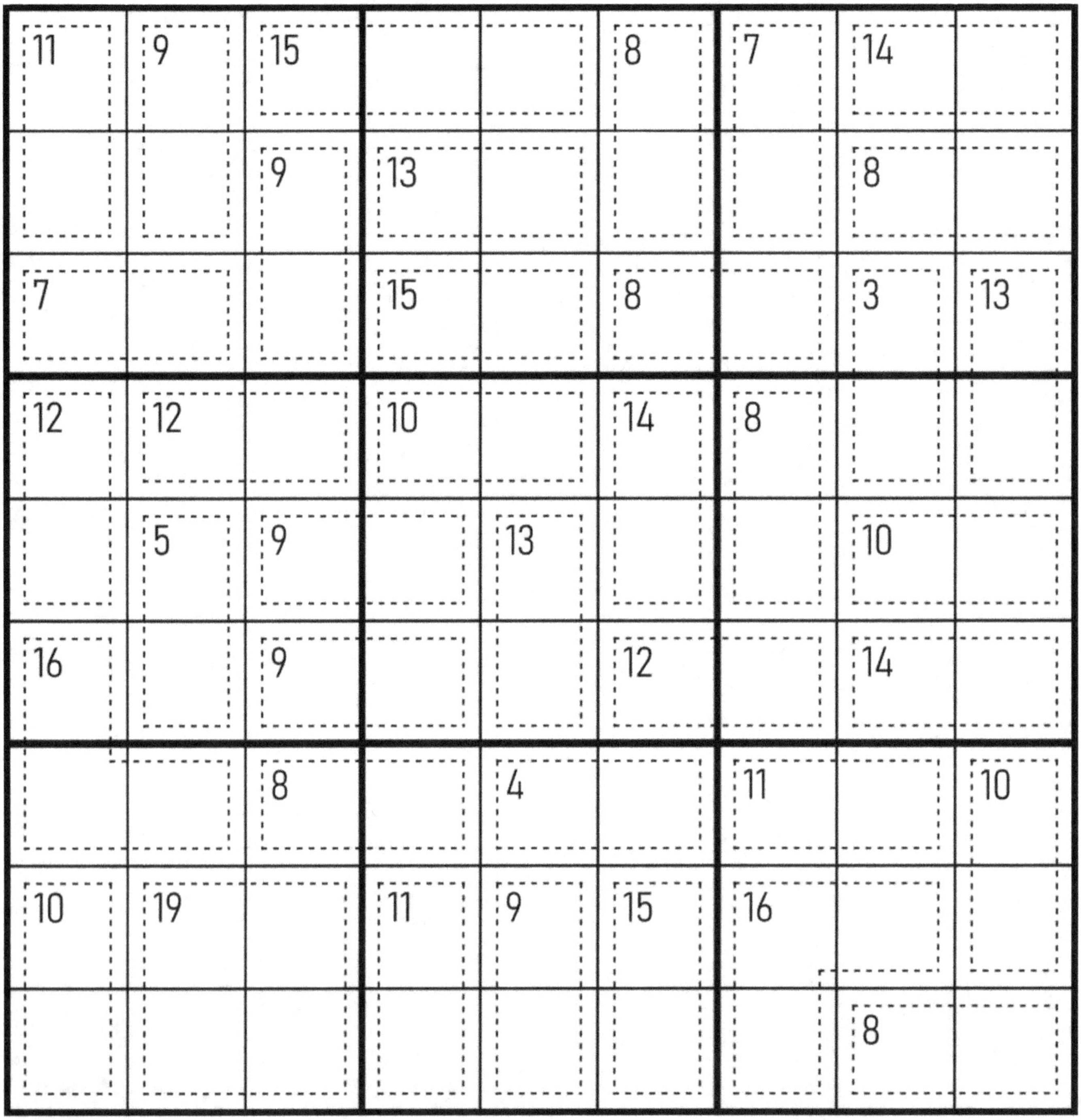

KILLER SUDOKU

PUZZLE 6 - EASY

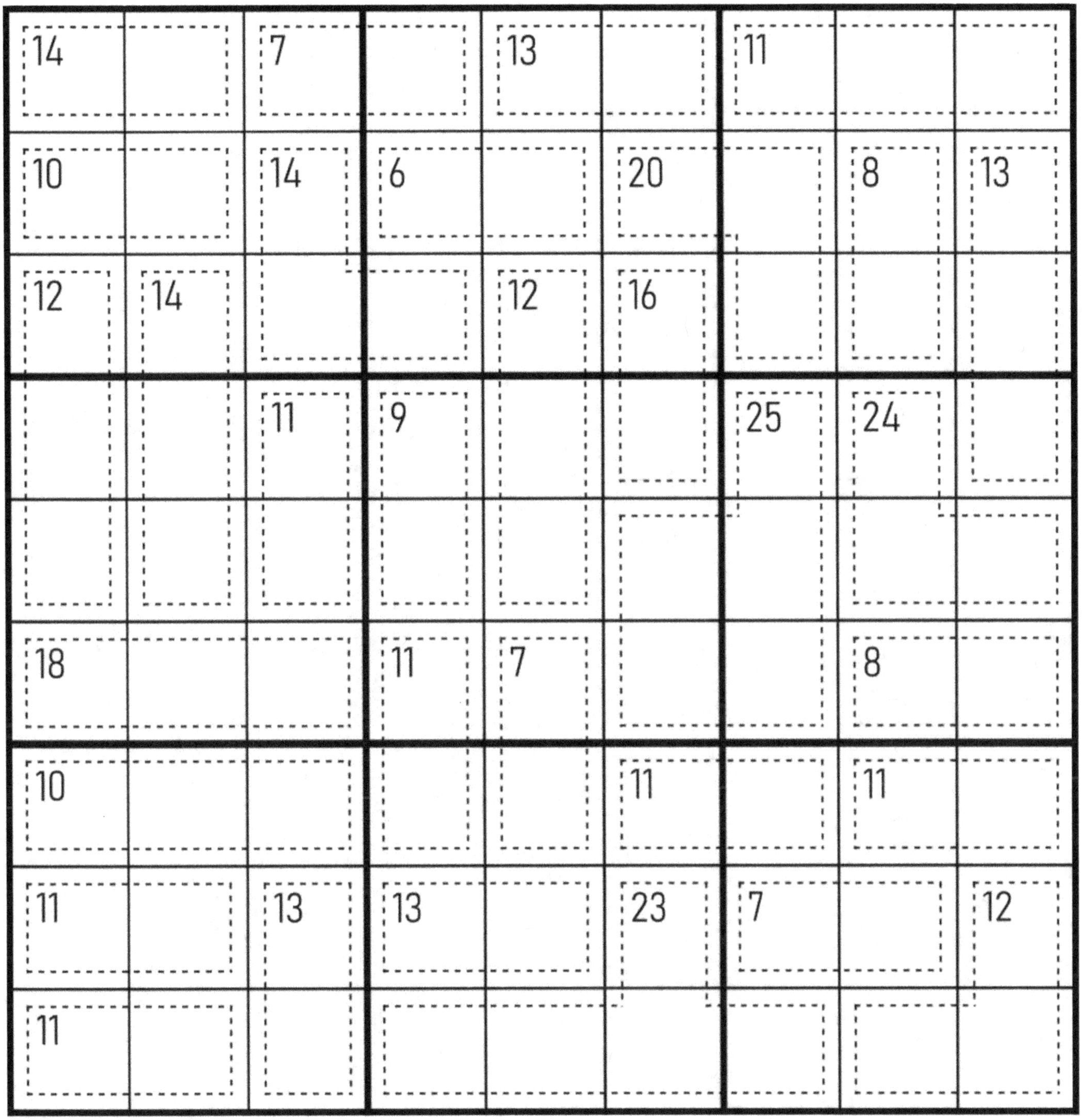

KILLER SUDOKU

PUZZLE 7 - EASY

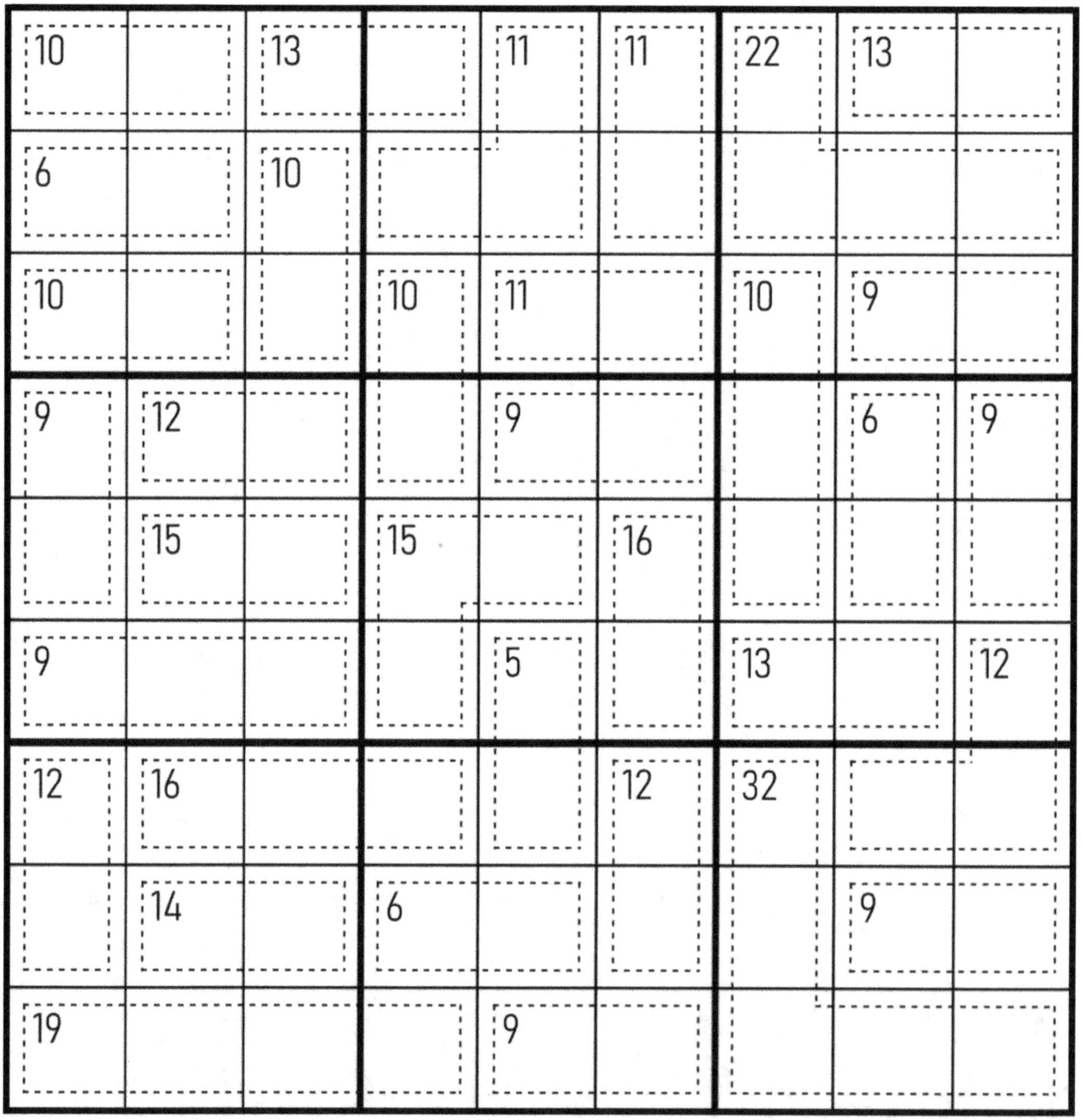

KILLER SUDOKU

PUZZLE 8 - EASY

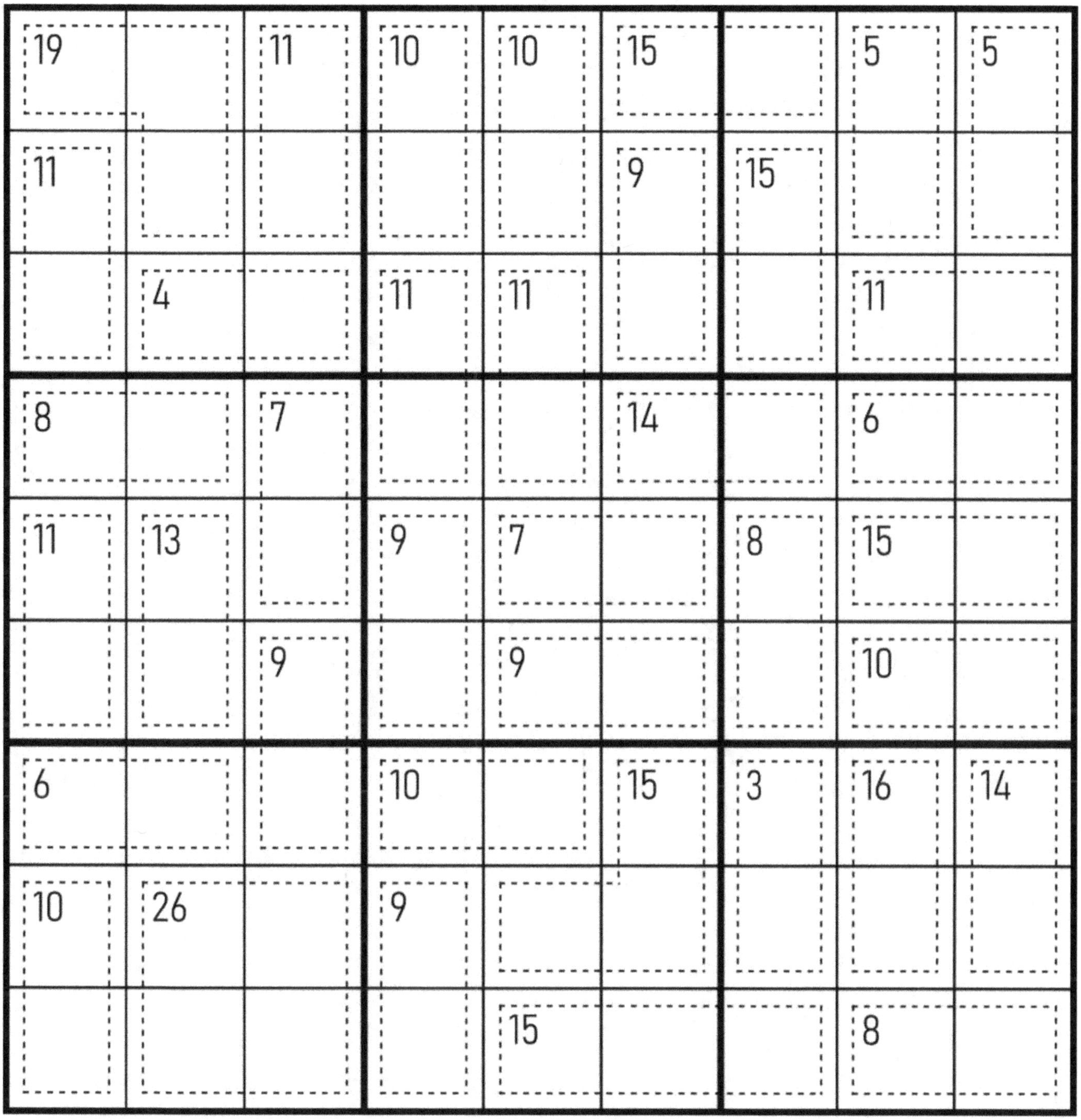

KILLER SUDOKU

PUZZLE 9 - EASY

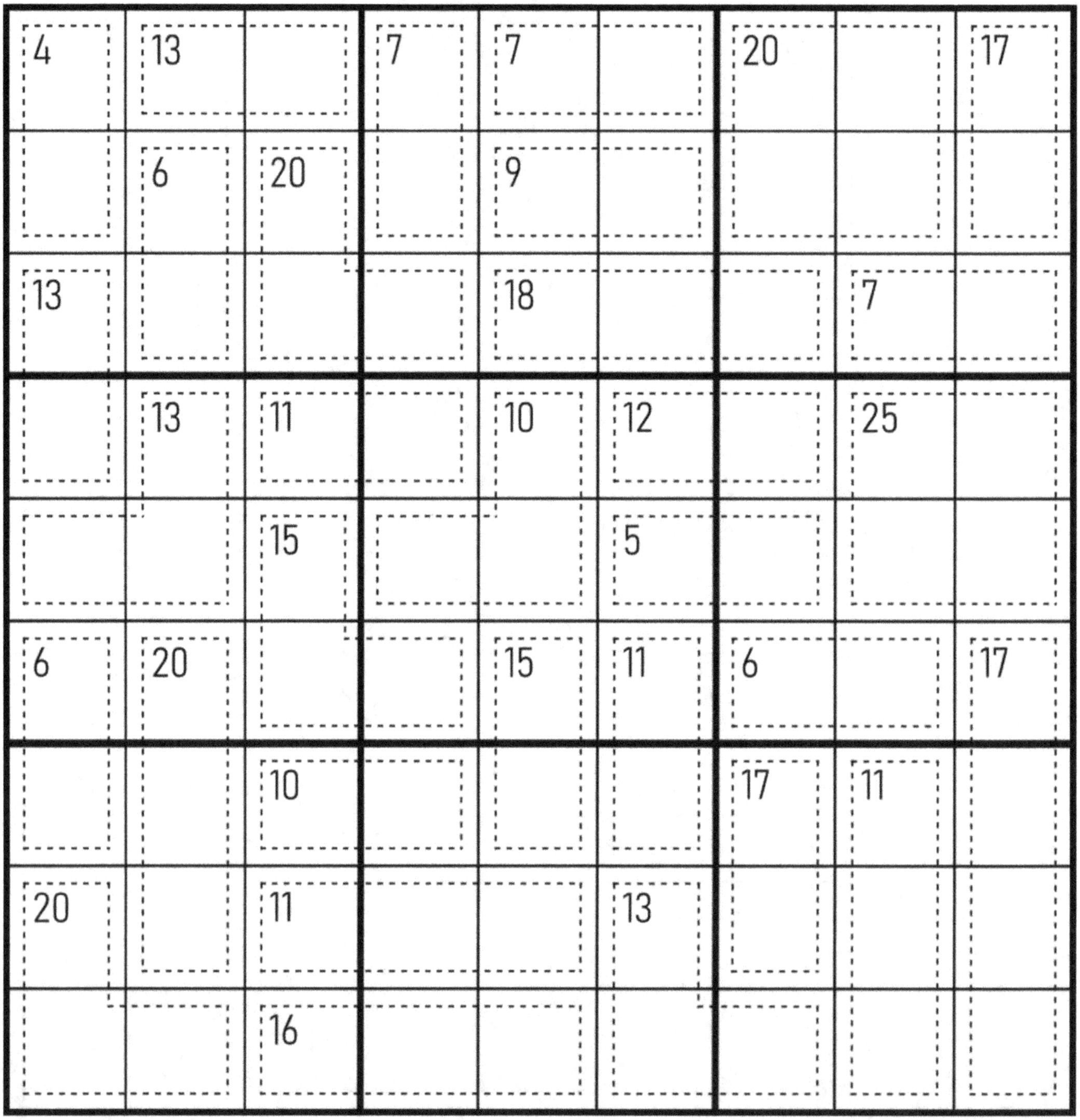

KILLER SUDOKU

PUZZLE 10 - EASY

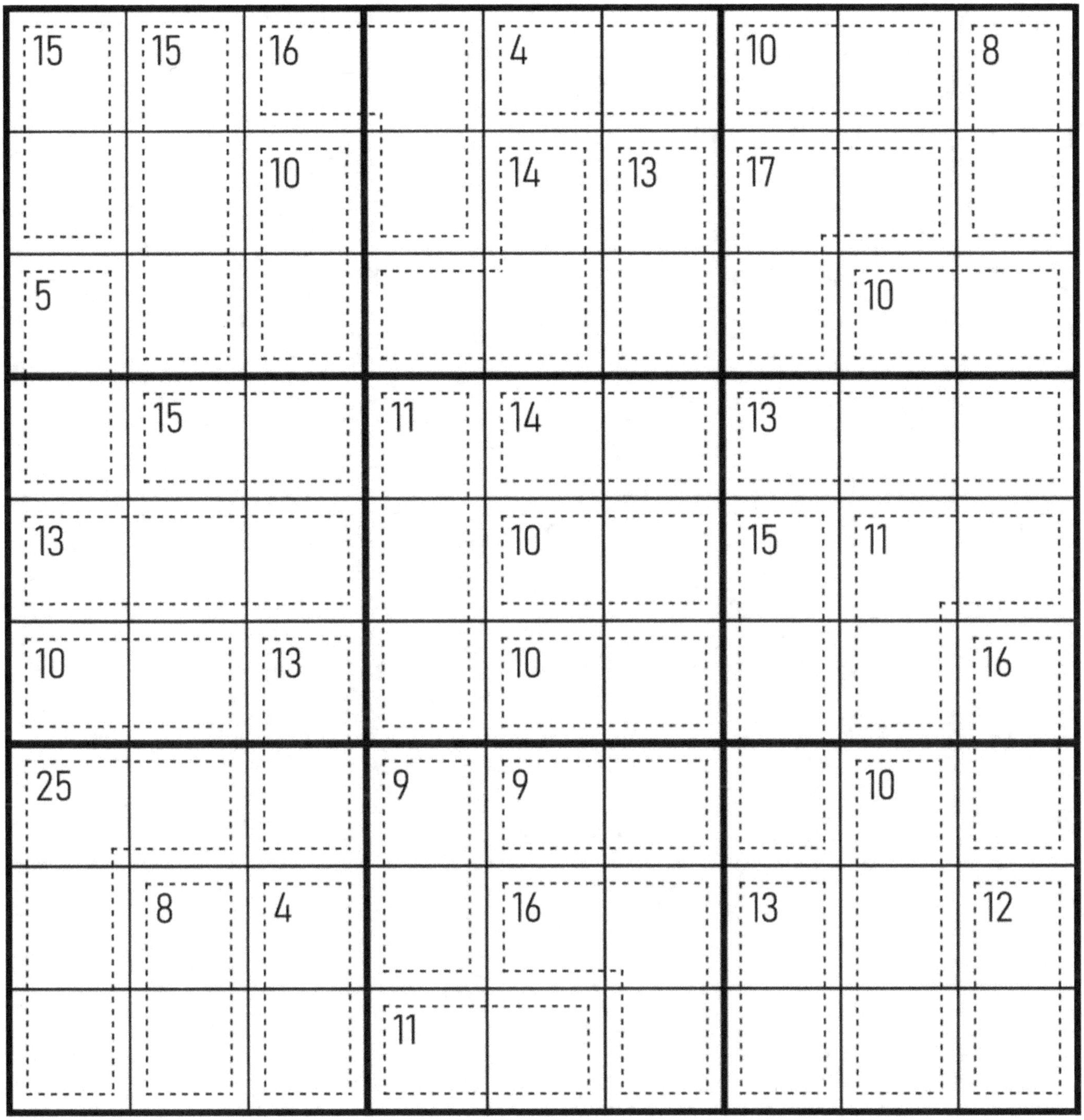

KILLER SUDOKU

PUZZLE 11 - EASY

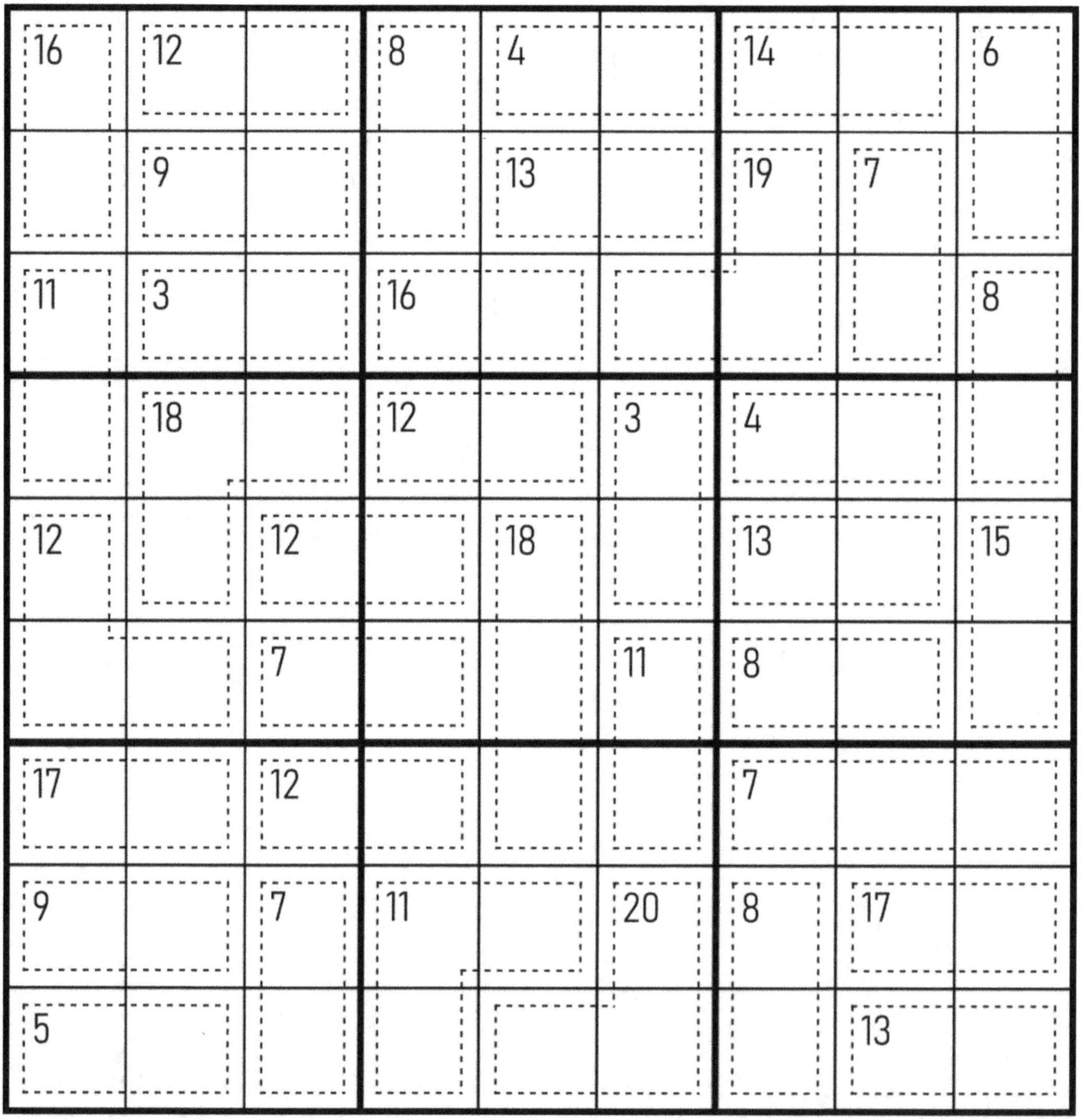

KILLER SUDOKU

PUZZLE 12 - EASY

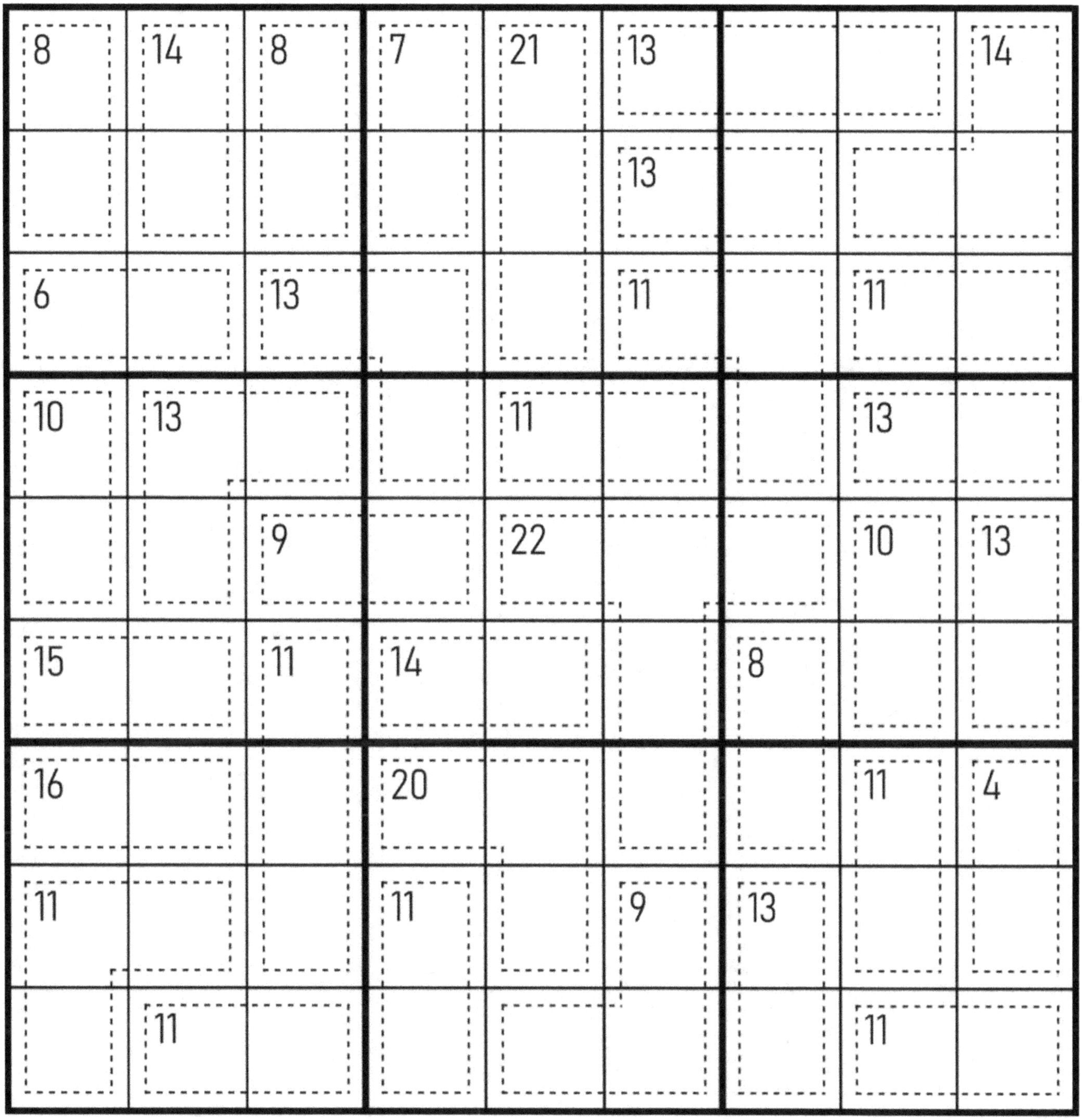

KILLER SUDOKU

PUZZLE 13 - EASY

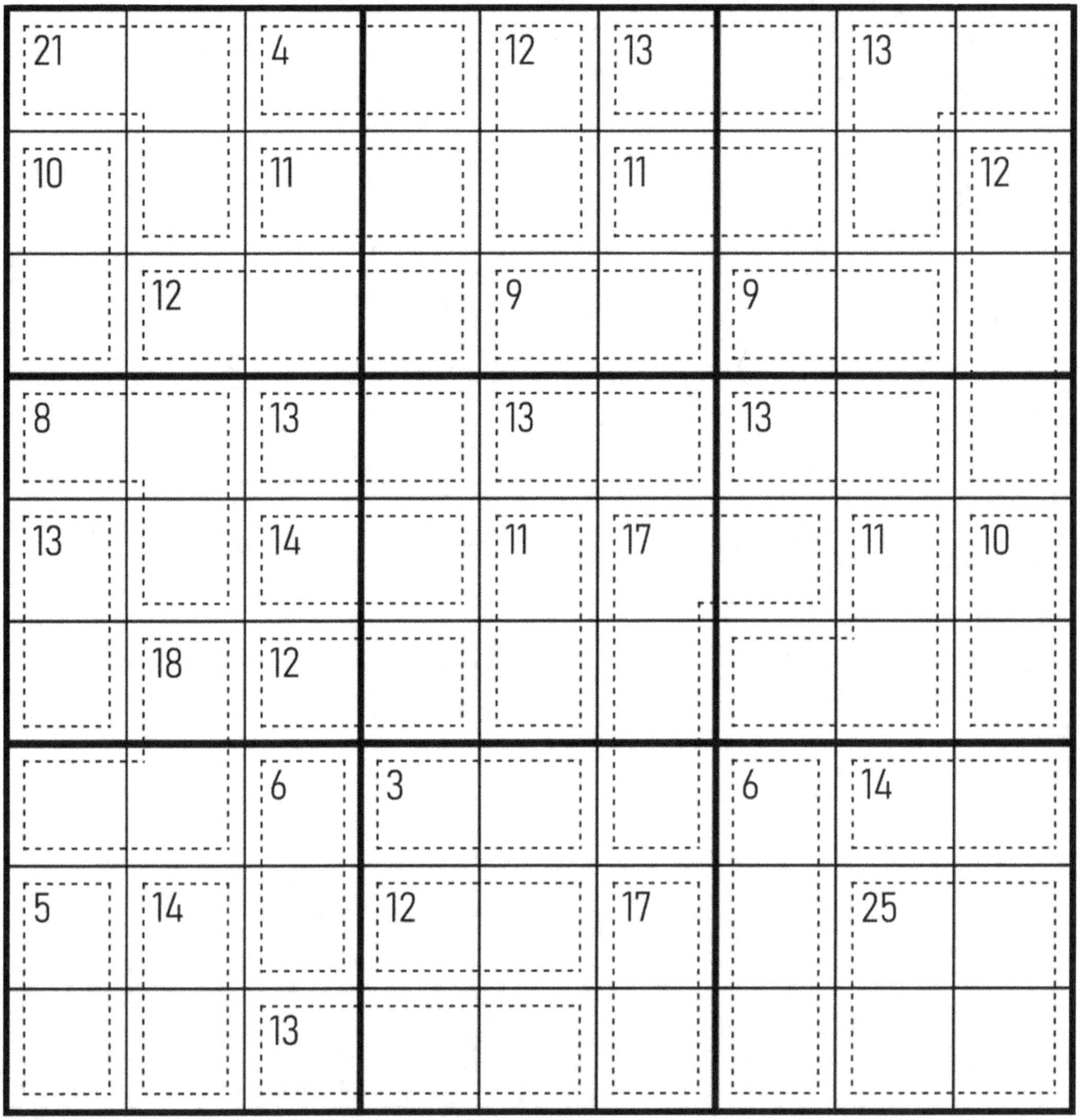

KILLER SUDOKU

PUZZLE 14 - EASY

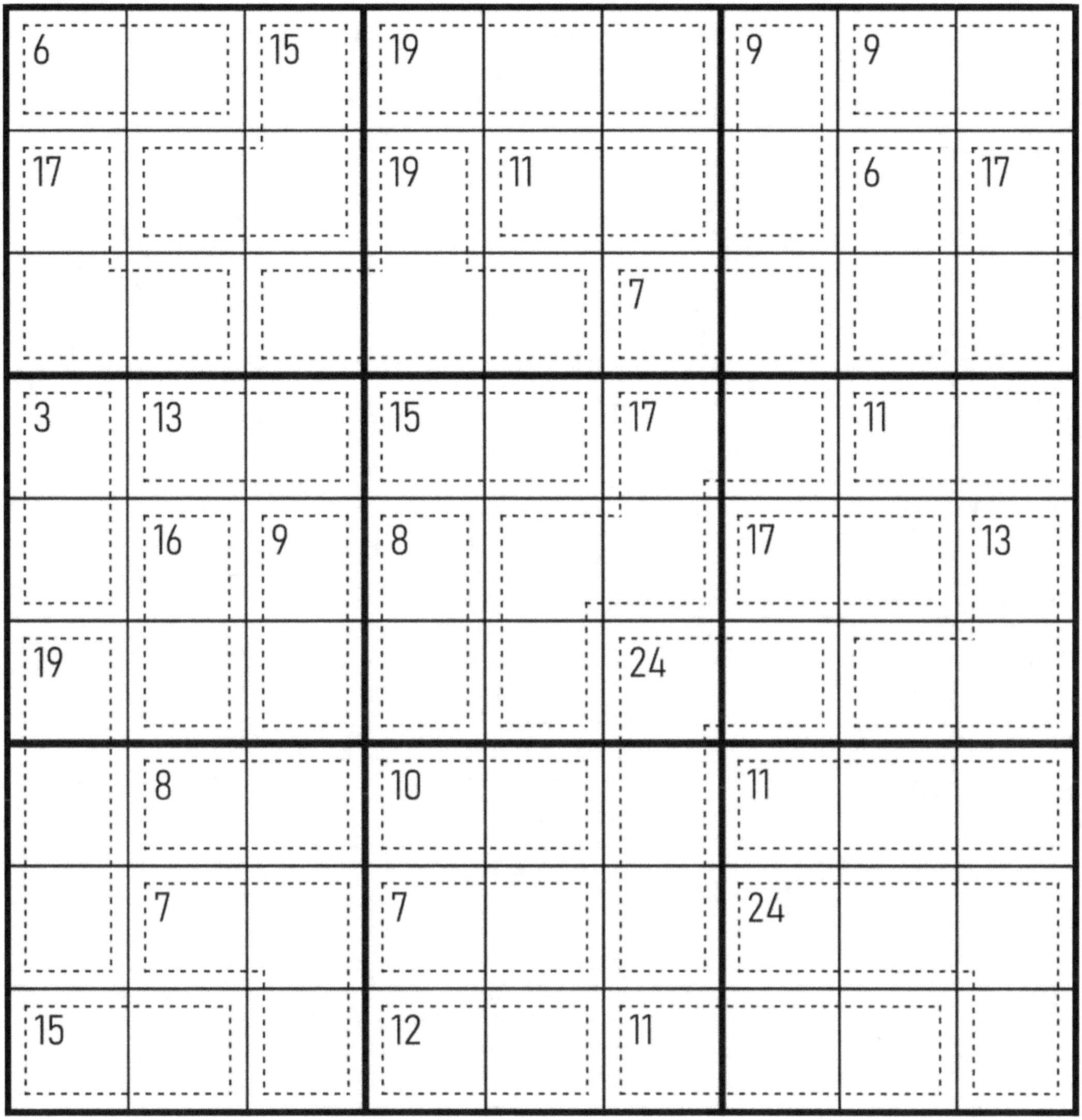

KILLER SUDOKU

PUZZLE 15 - EASY

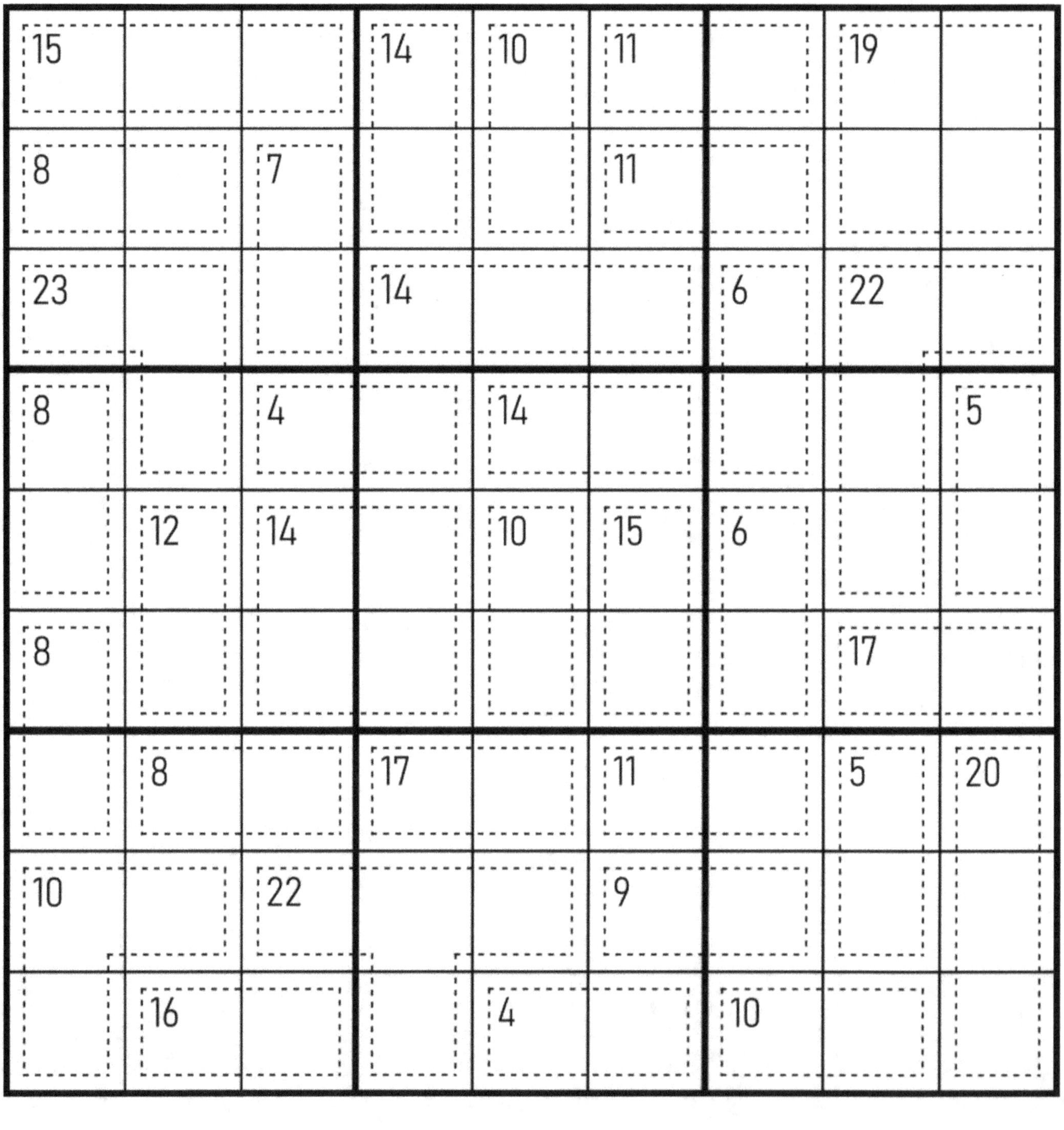

KILLER SUDOKU

PUZZLE 16 - MEDIUM

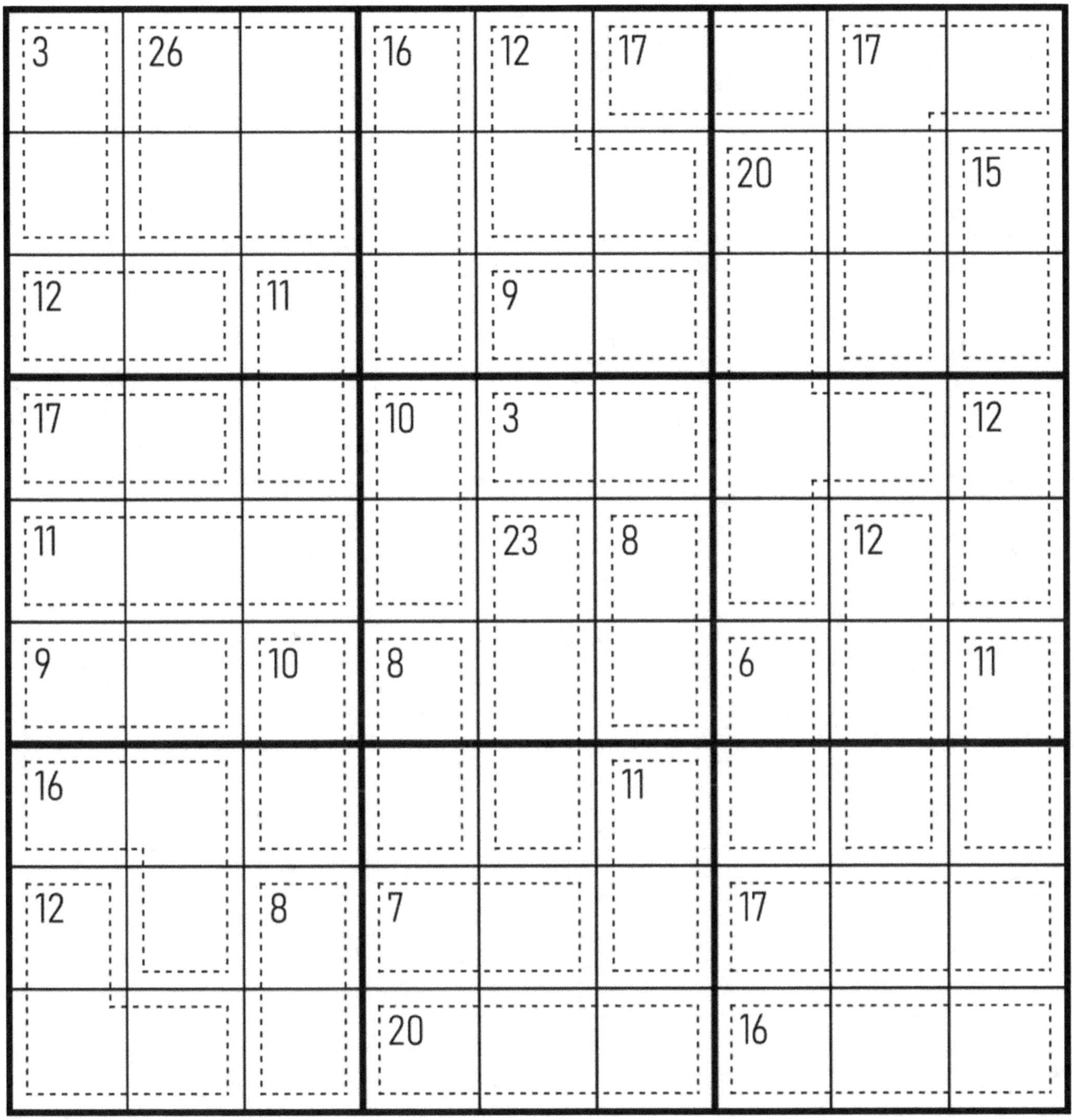

KILLER SUDOKU

PUZZLE 17 - MEDIUM

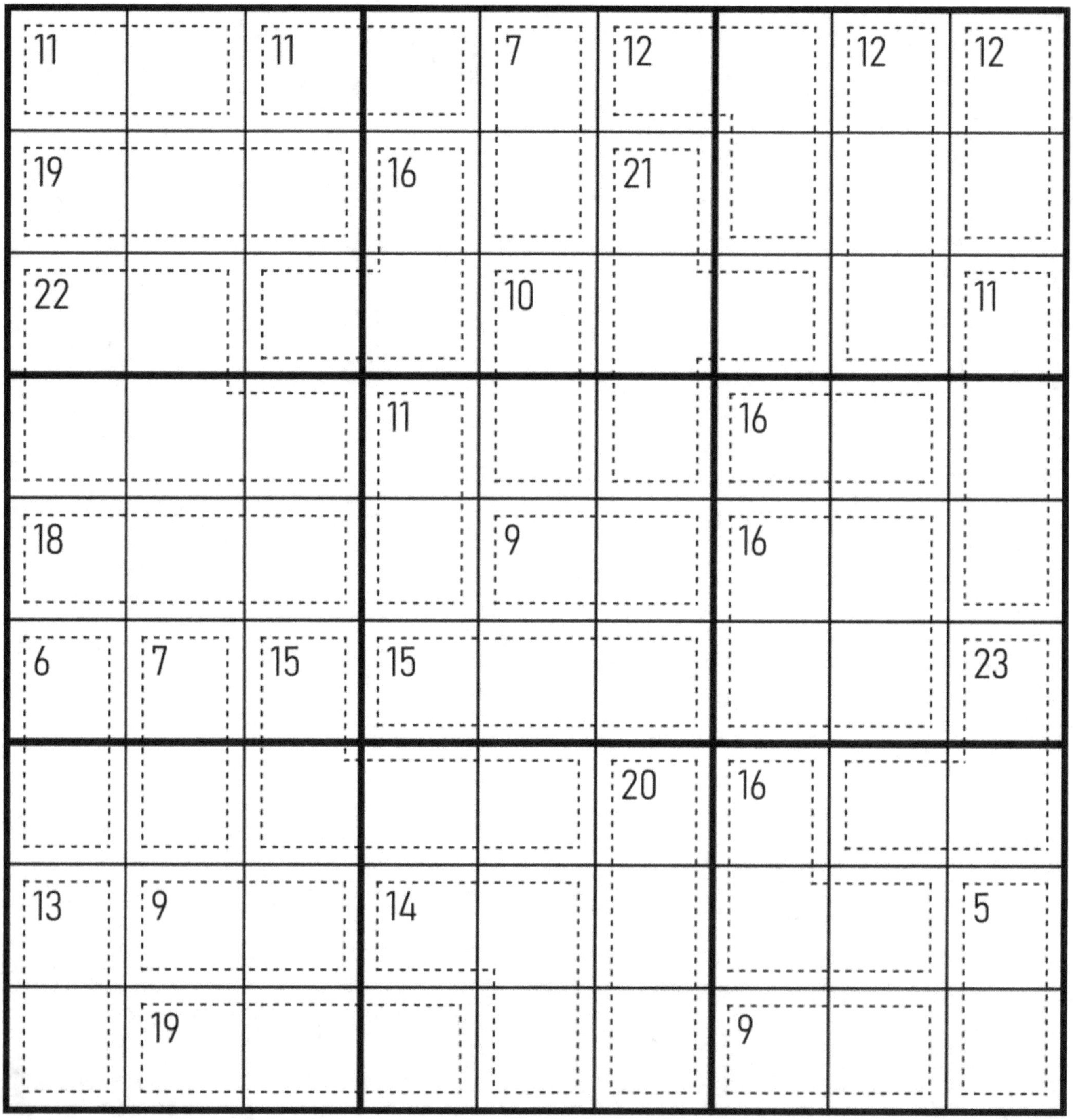

KILLER SUDOKU

PUZZLE 18 - MEDIUM

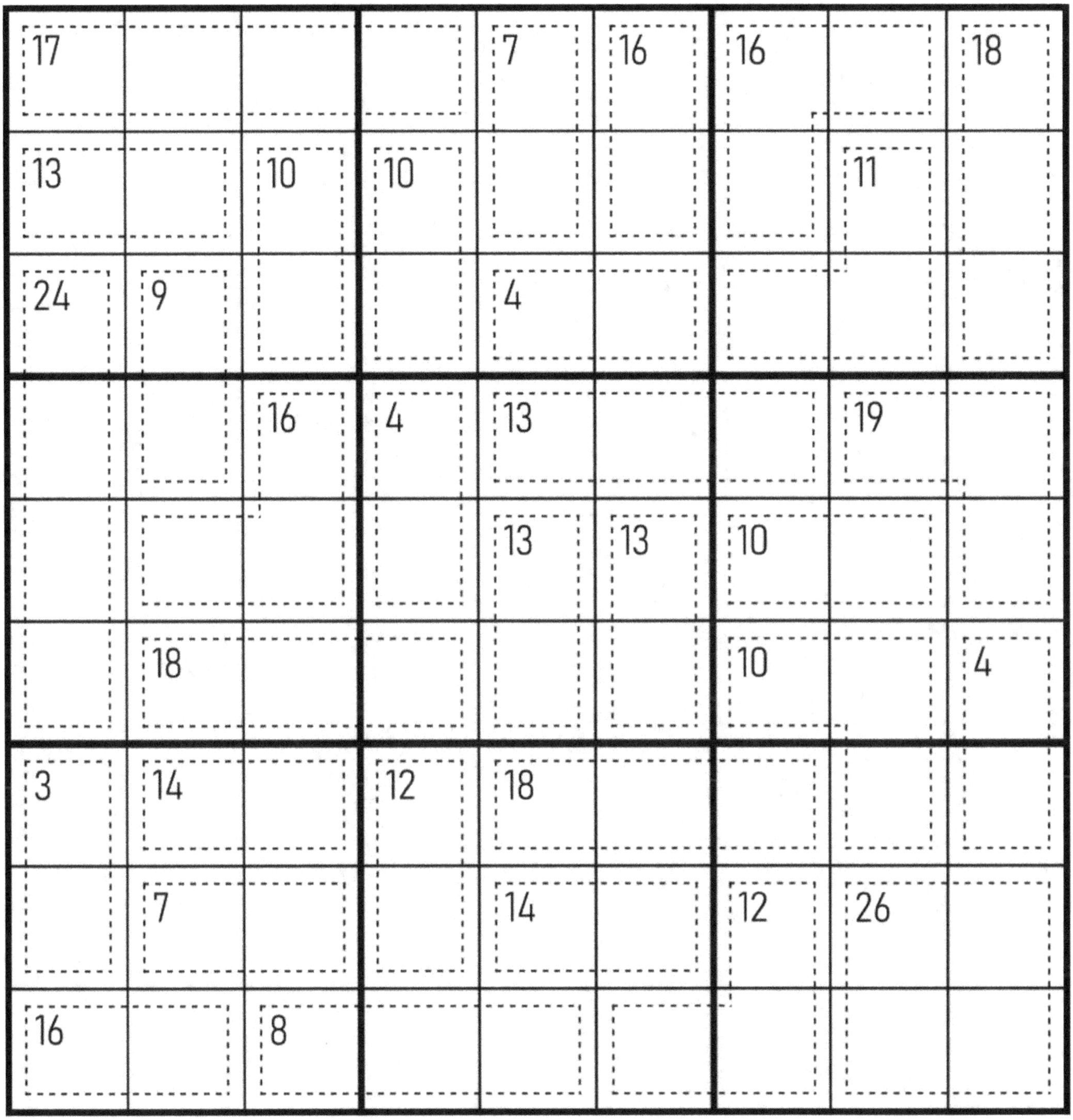

KILLER SUDOKU

PUZZLE 19 - MEDIUM

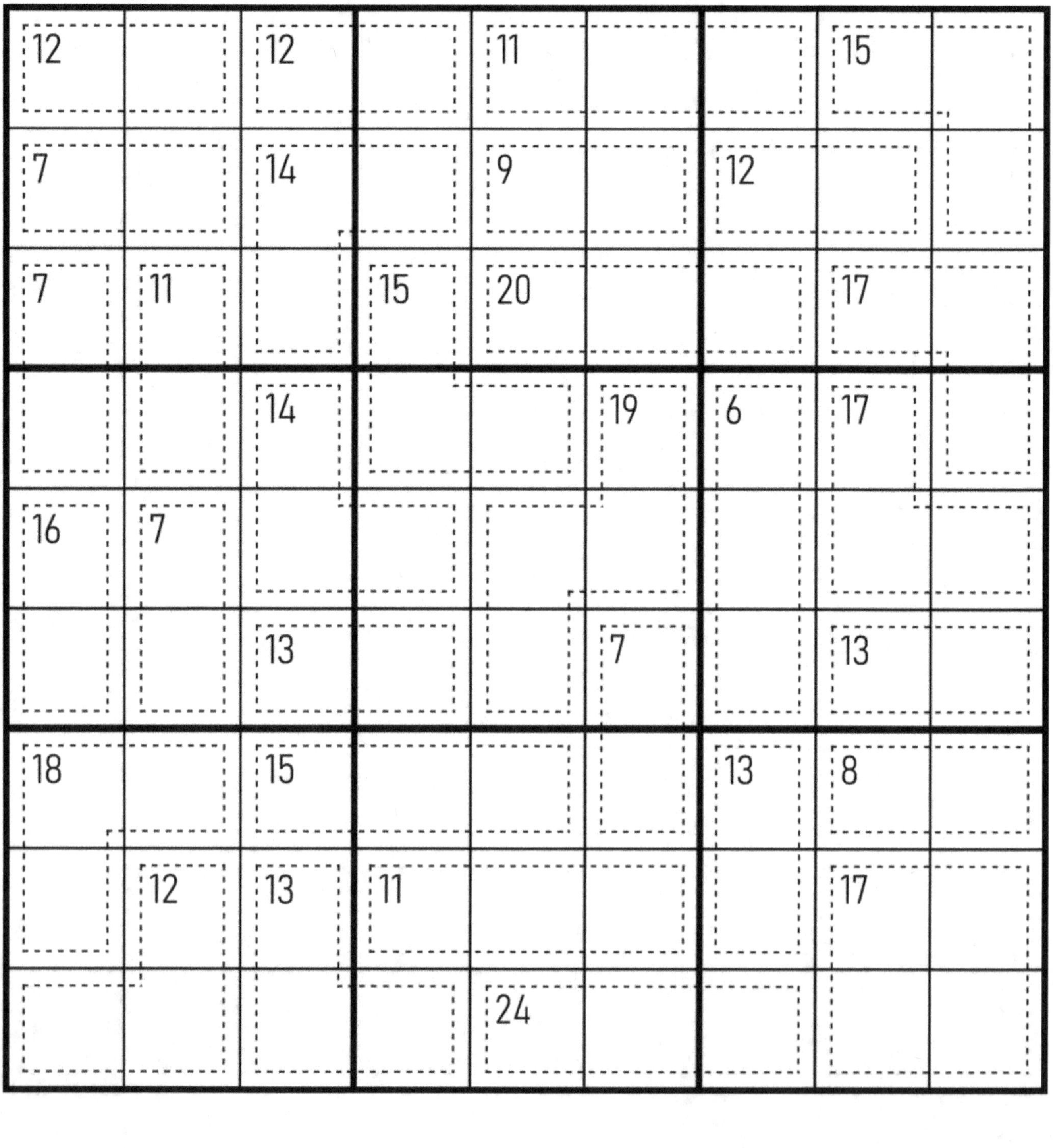

KILLER SUDOKU

PUZZLE 20 - MEDIUM

11		12	10		10		10	
9			8		7		18	
16	4		14			13	9	
	11	14	11	17				
12				8		15	8	
	12						11	10
		14	11	22	14			
9						17		
17			7			14		

KILLER SUDOKU

PUZZLE 21 - MEDIUM

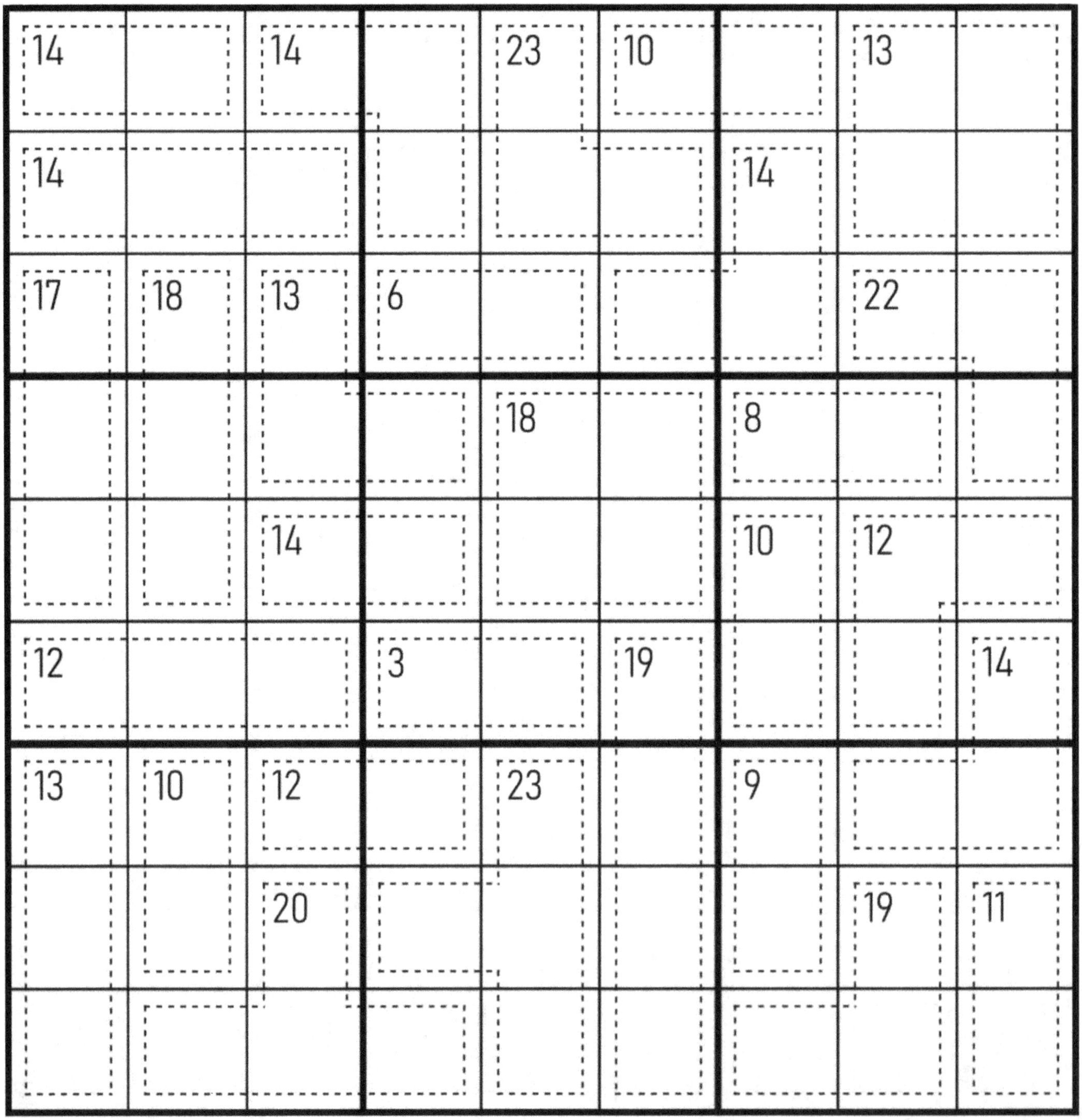

KILLER SUDOKU

PUZZLE 22 - MEDIUM

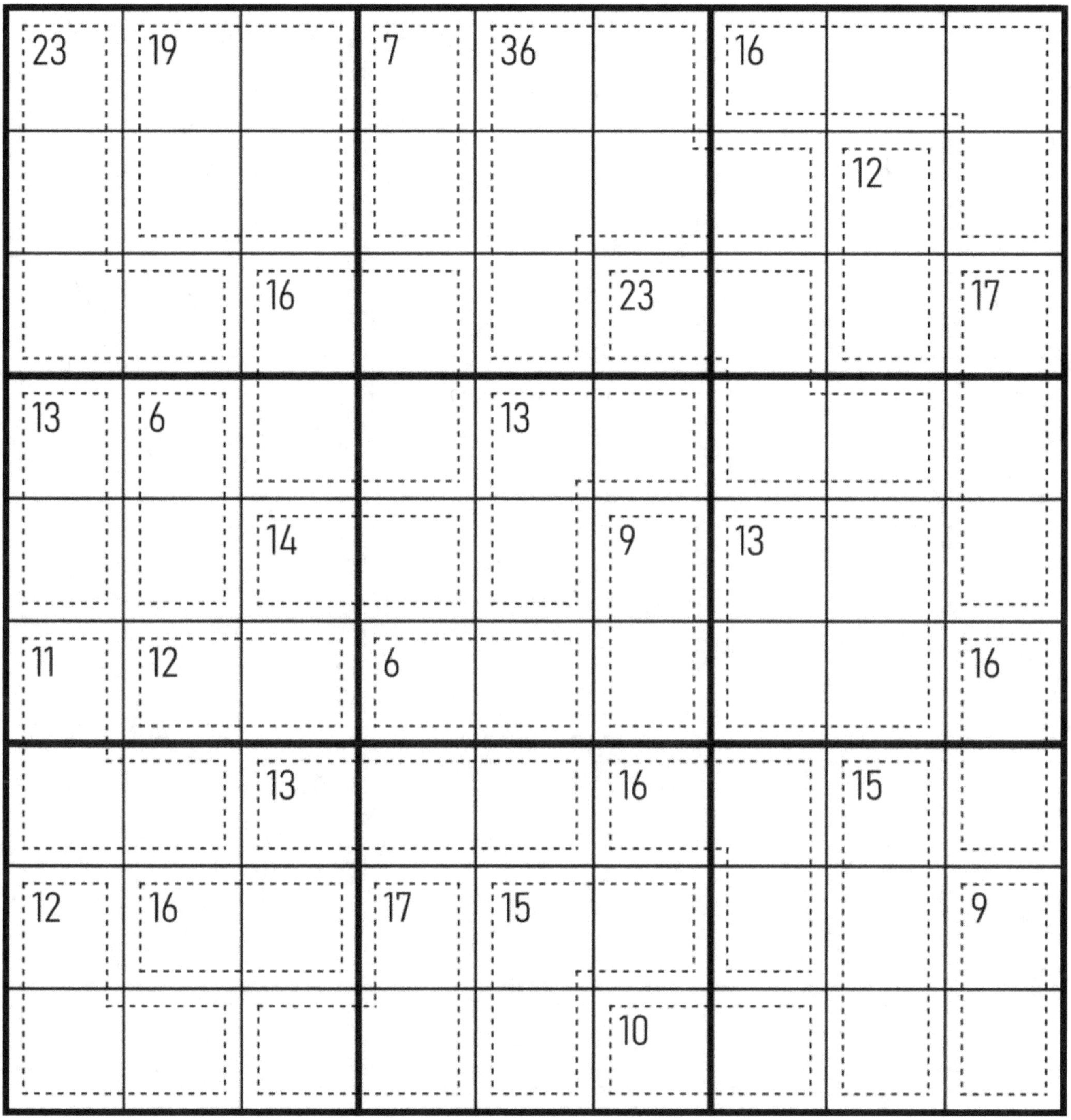

KILLER SUDOKU

PUZZLE 23 - MEDIUM

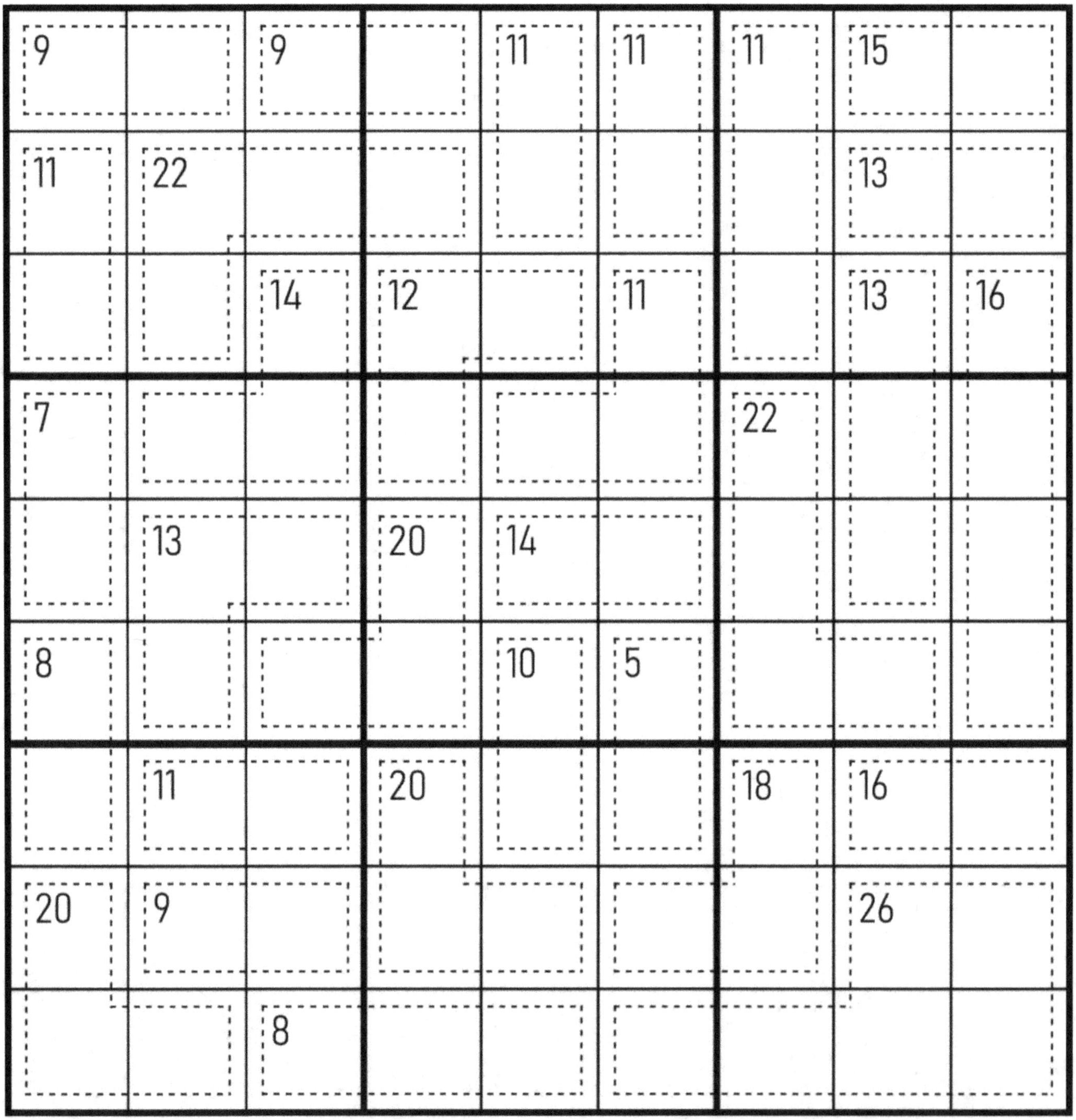

KILLER SUDOKU

PUZZLE 24 - MEDIUM

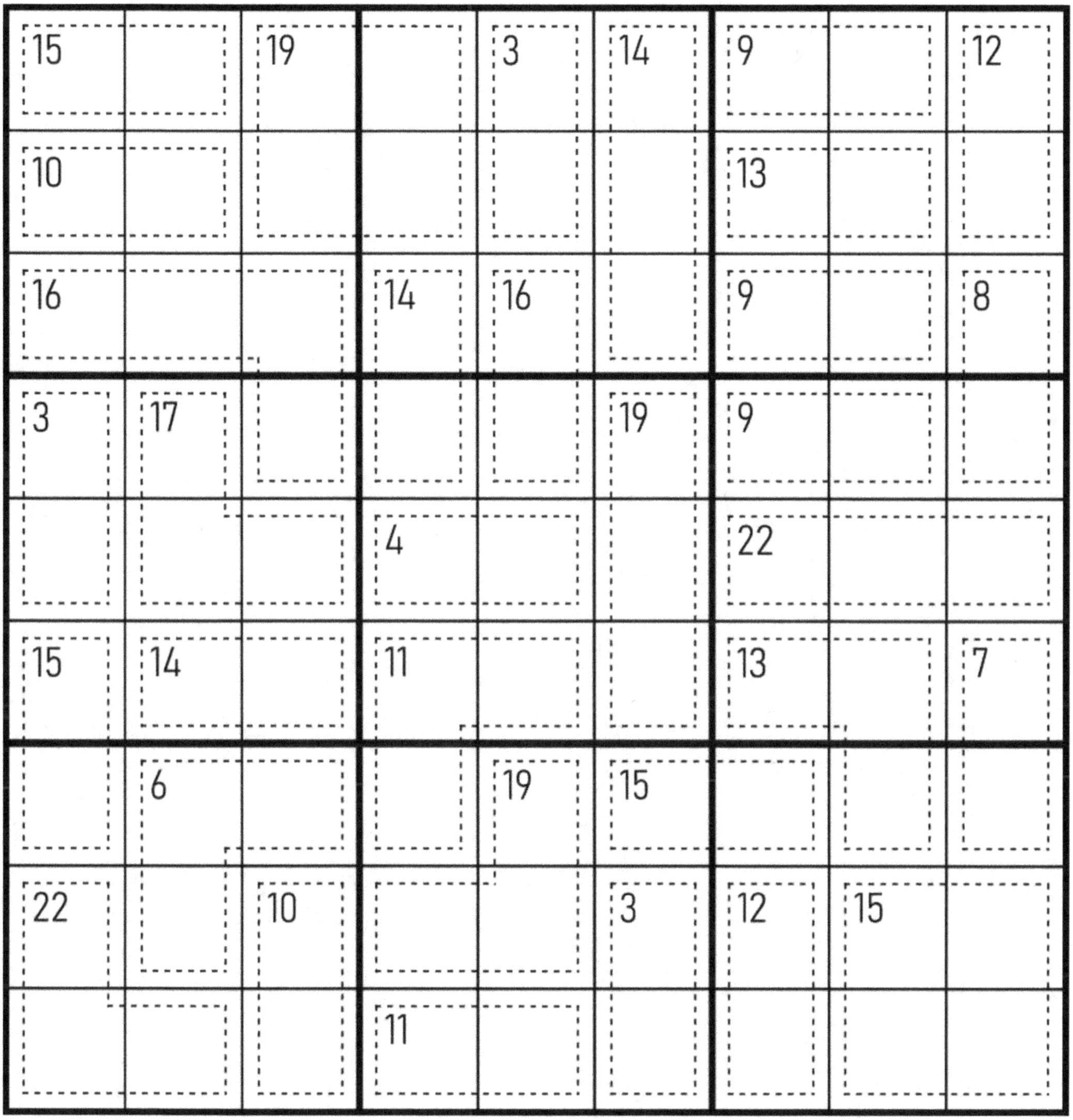

KILLER SUDOKU

PUZZLE 25 - MEDIUM

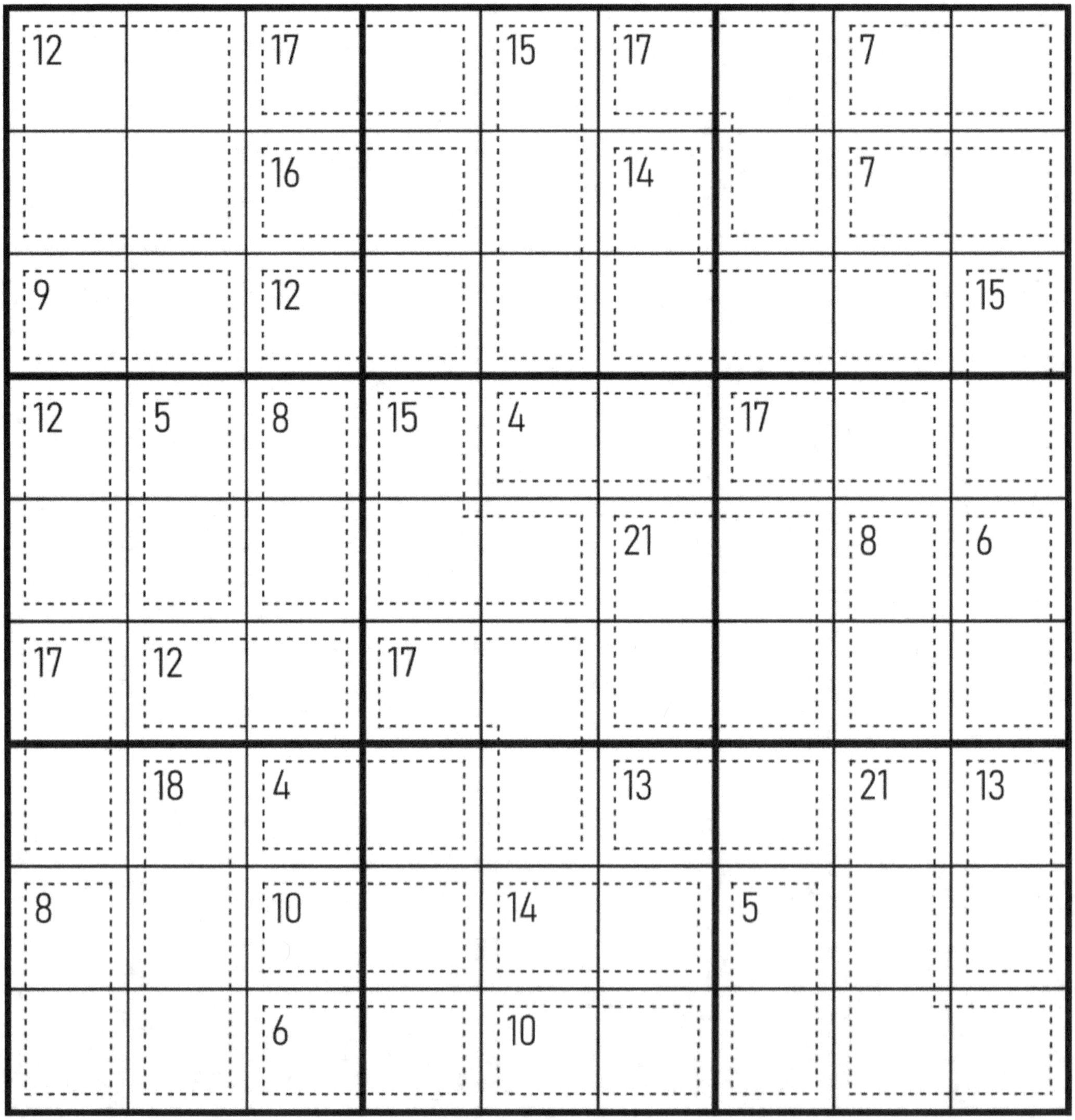

KILLER SUDOKU

PUZZLE 26 - MEDIUM

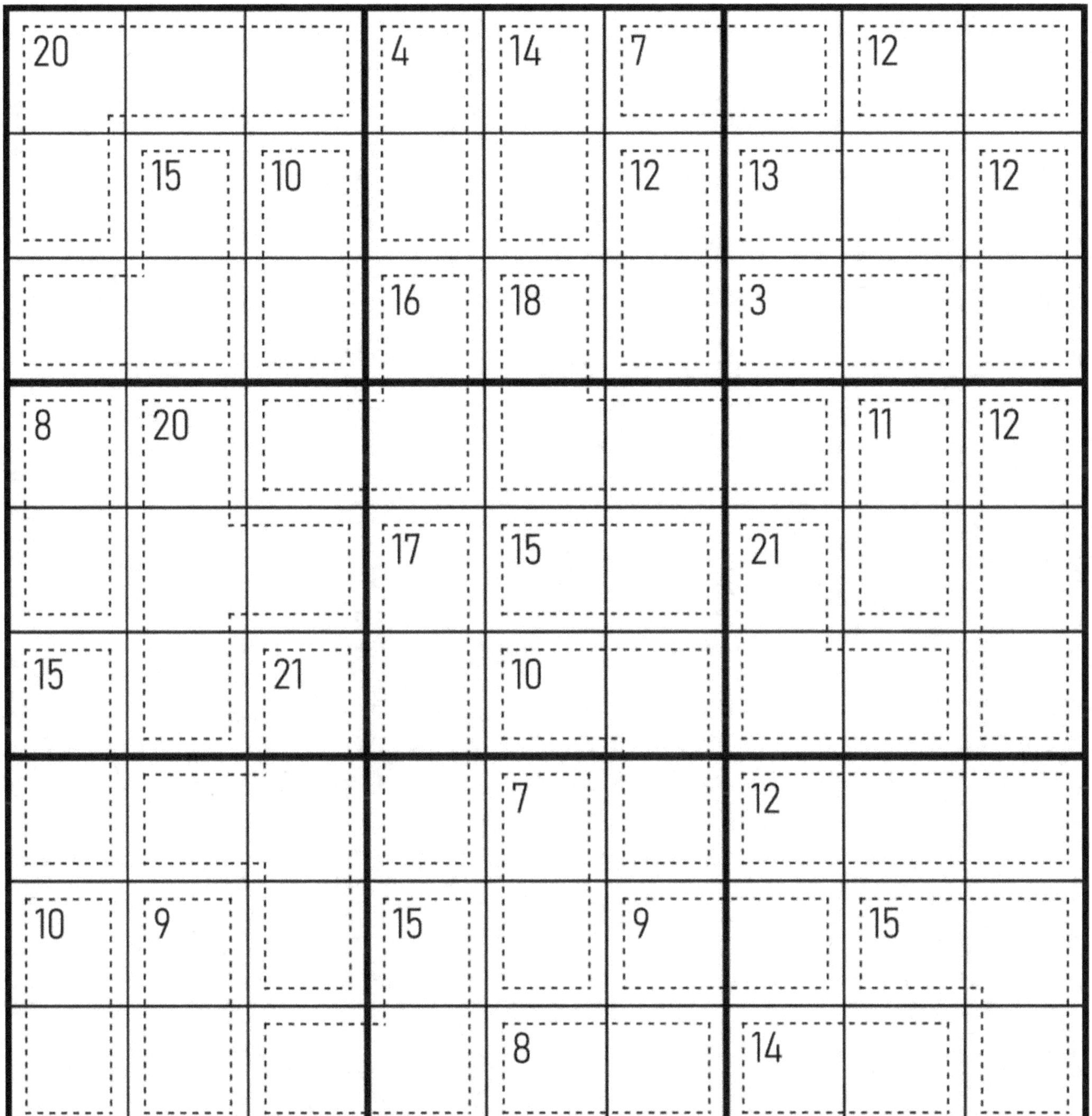

KILLER SUDOKU

PUZZLE 27 - MEDIUM

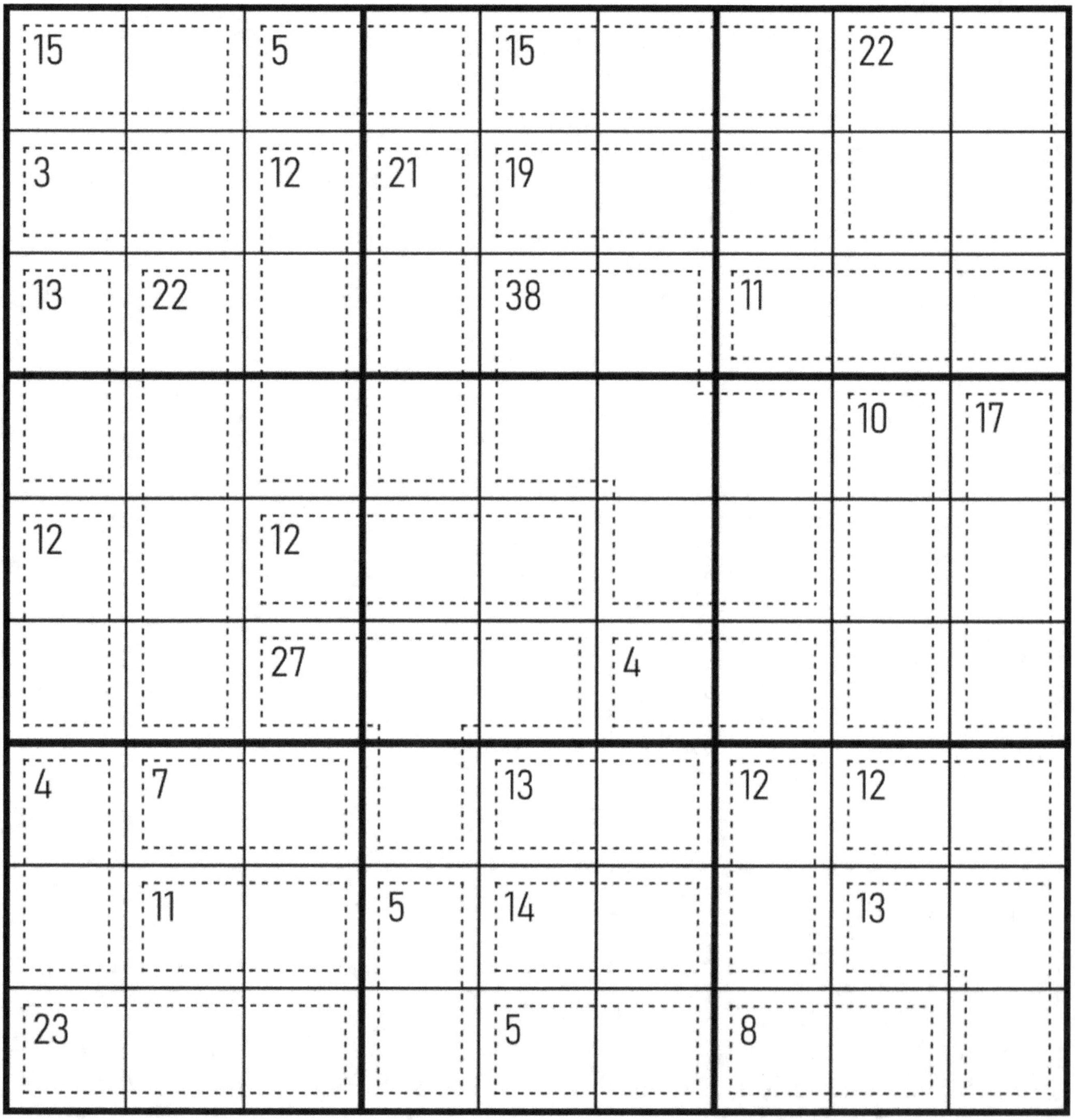

KILLER SUDOKU

PUZZLE 28 - MEDIUM

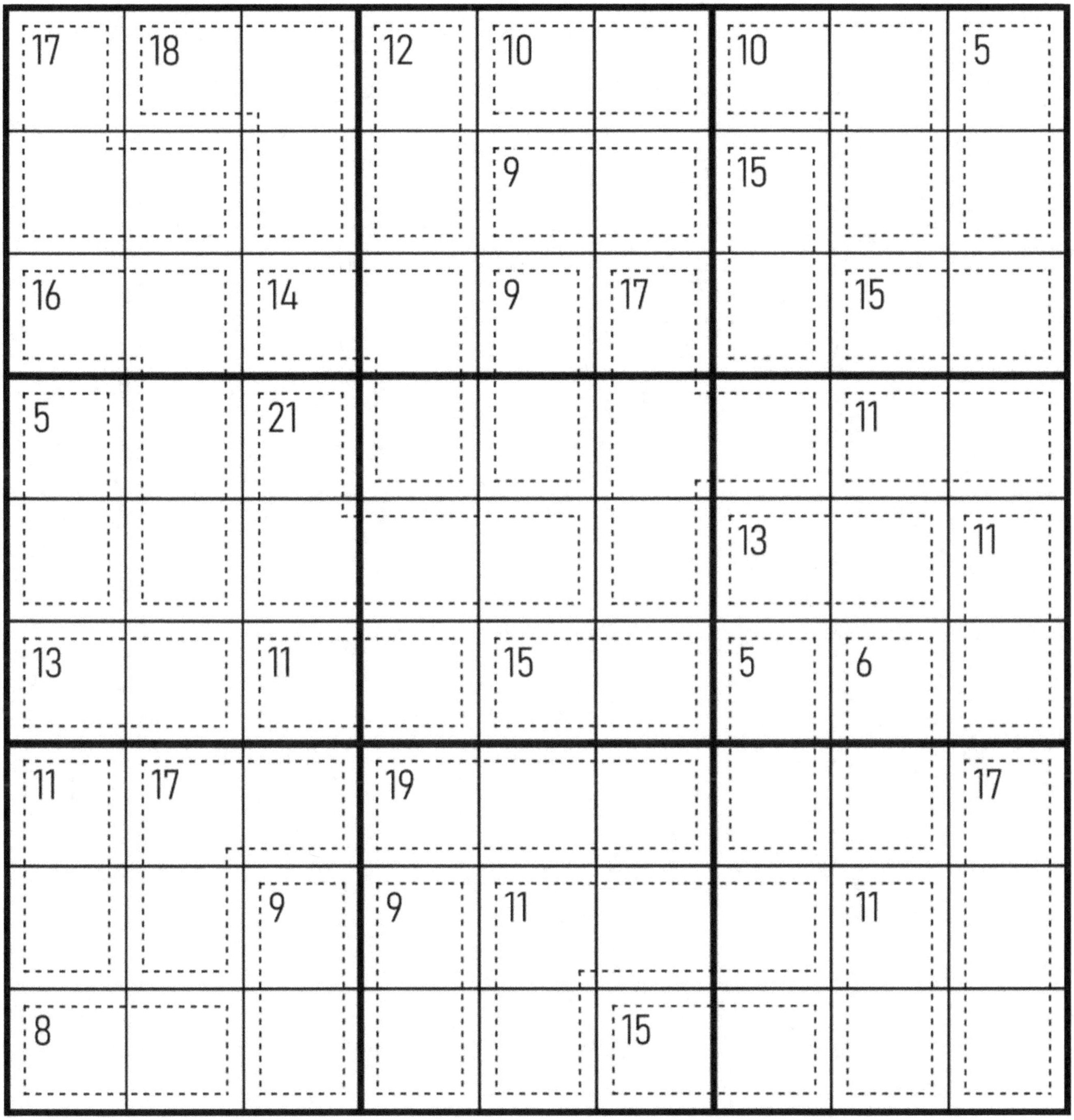

KILLER SUDOKU

PUZZLE 29 - MEDIUM

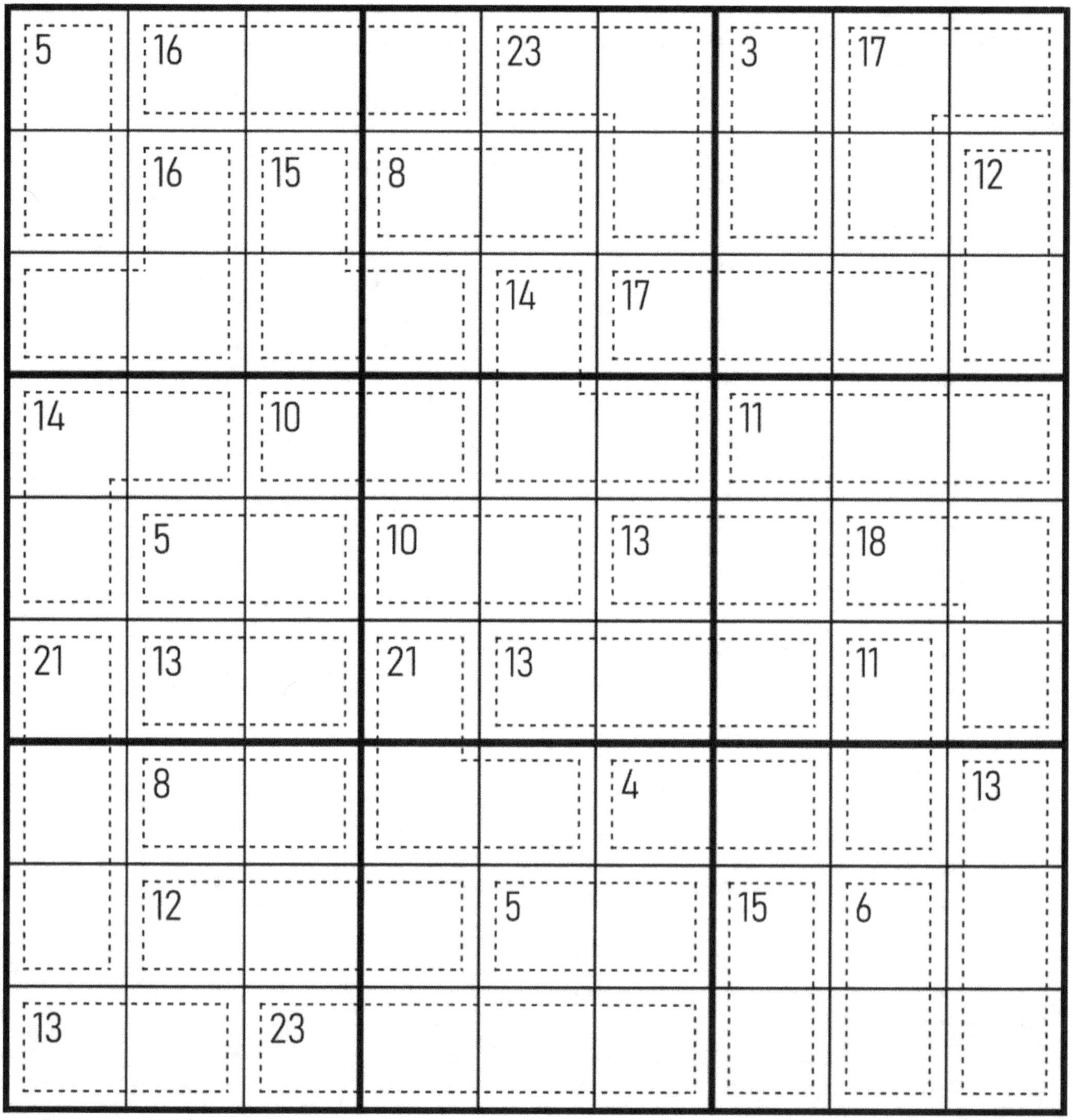

KILLER SUDOKU

PUZZLE 30 - MEDIUM

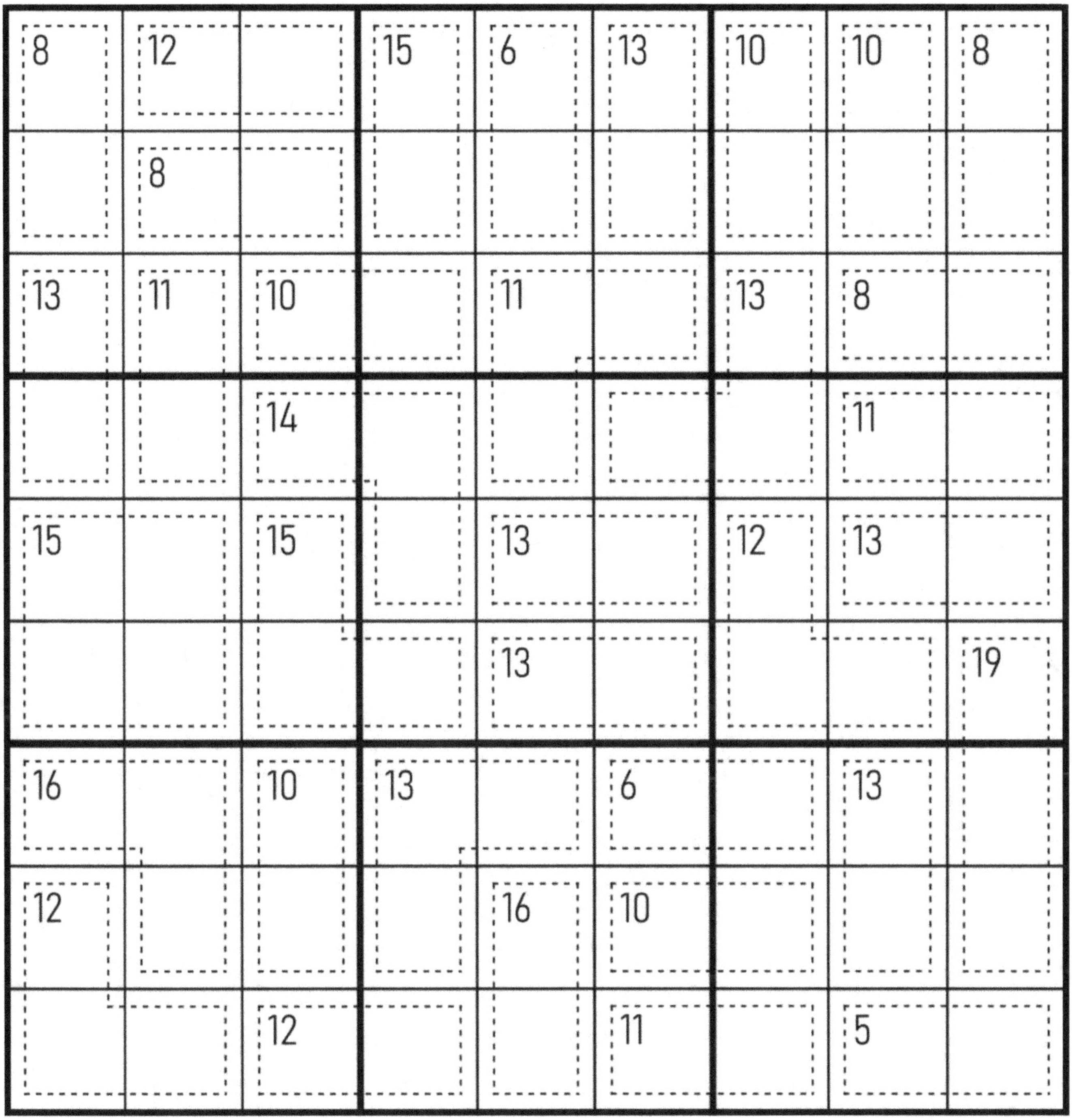

KILLER SUDOKU

PUZZLE 31 - HARD

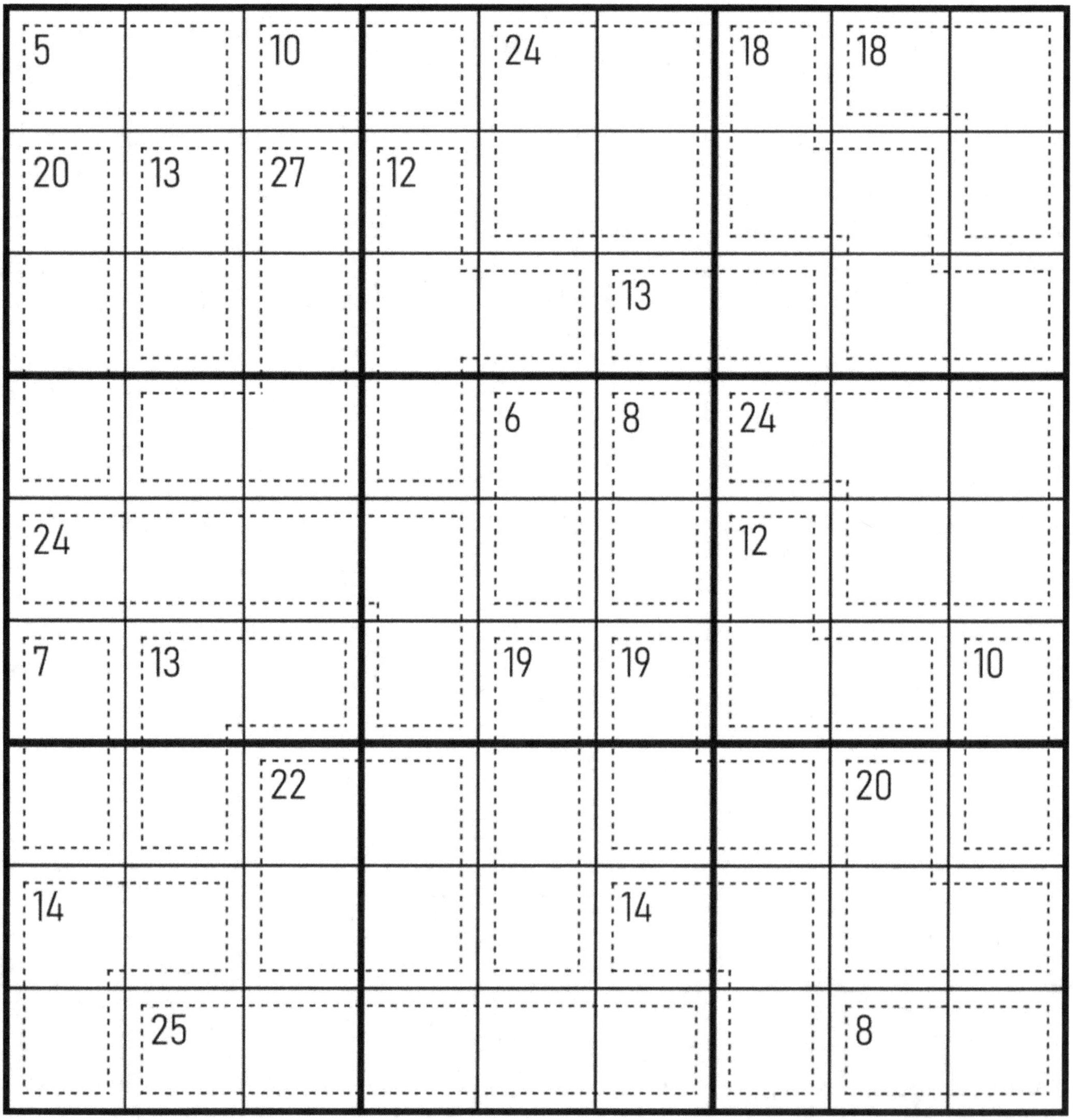

KILLER SUDOKU

PUZZLE 32 - HARD

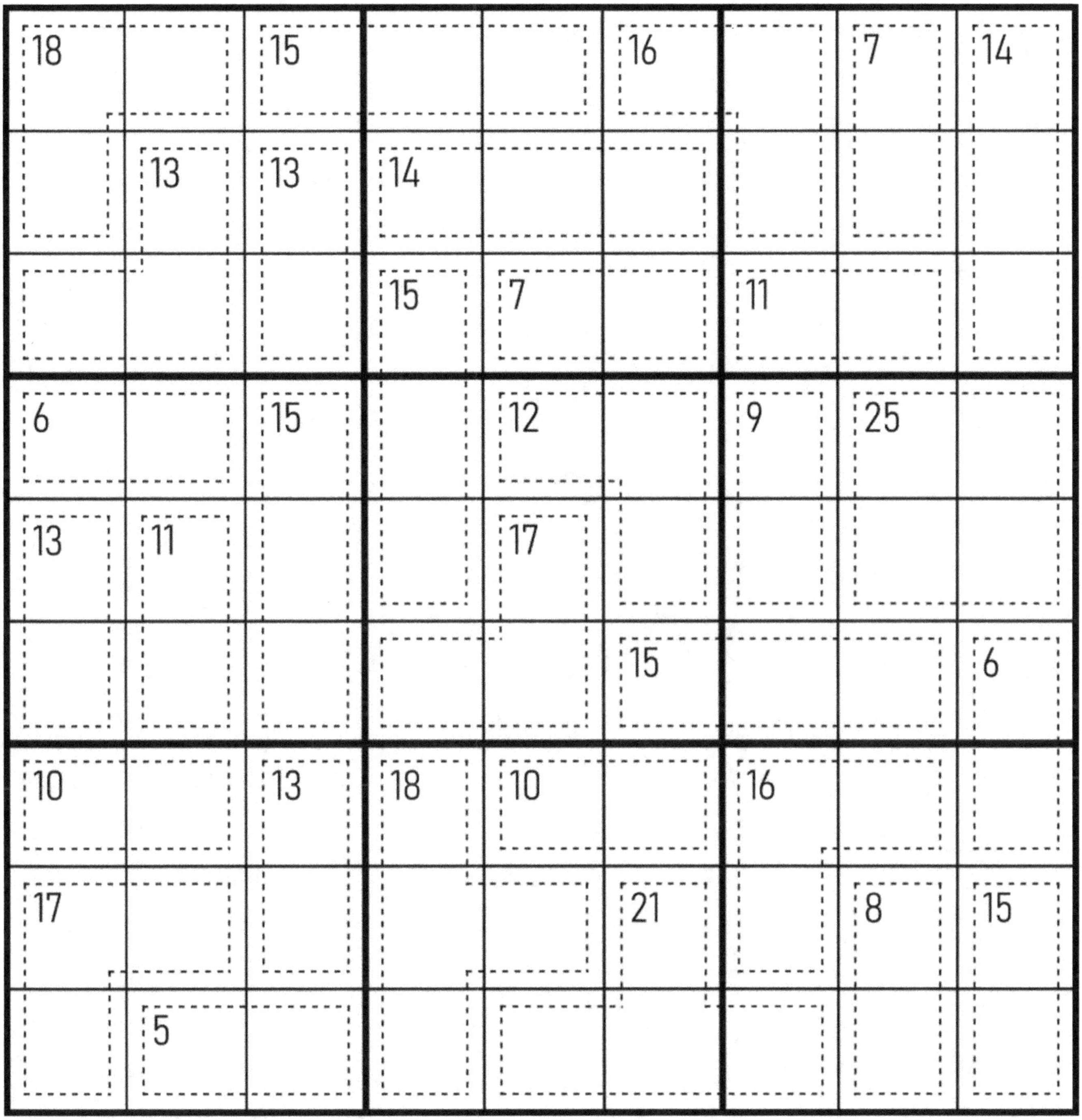

KILLER SUDOKU

PUZZLE 33 - HARD

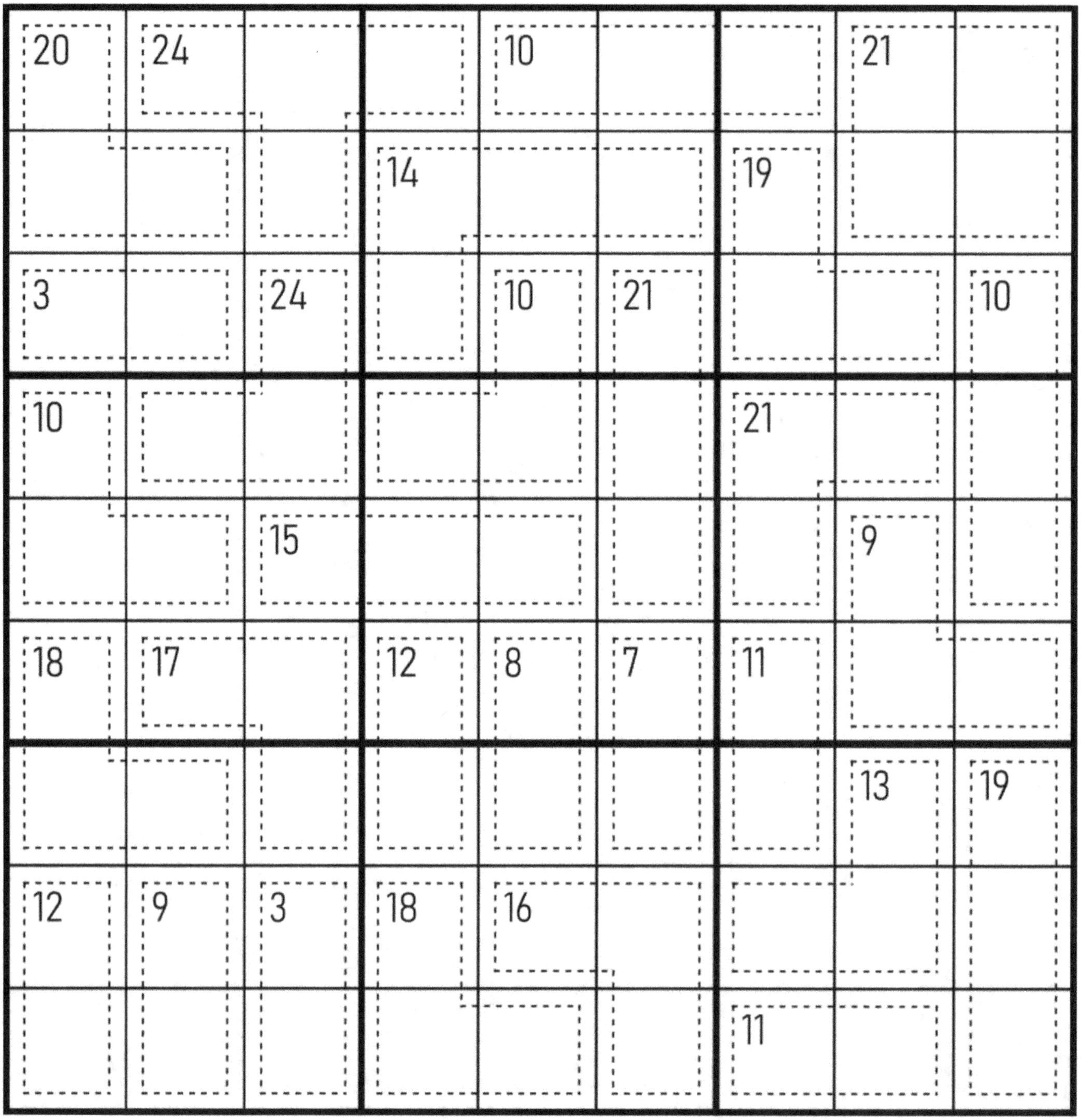

KILLER SUDOKU

PUZZLE 34 - HARD

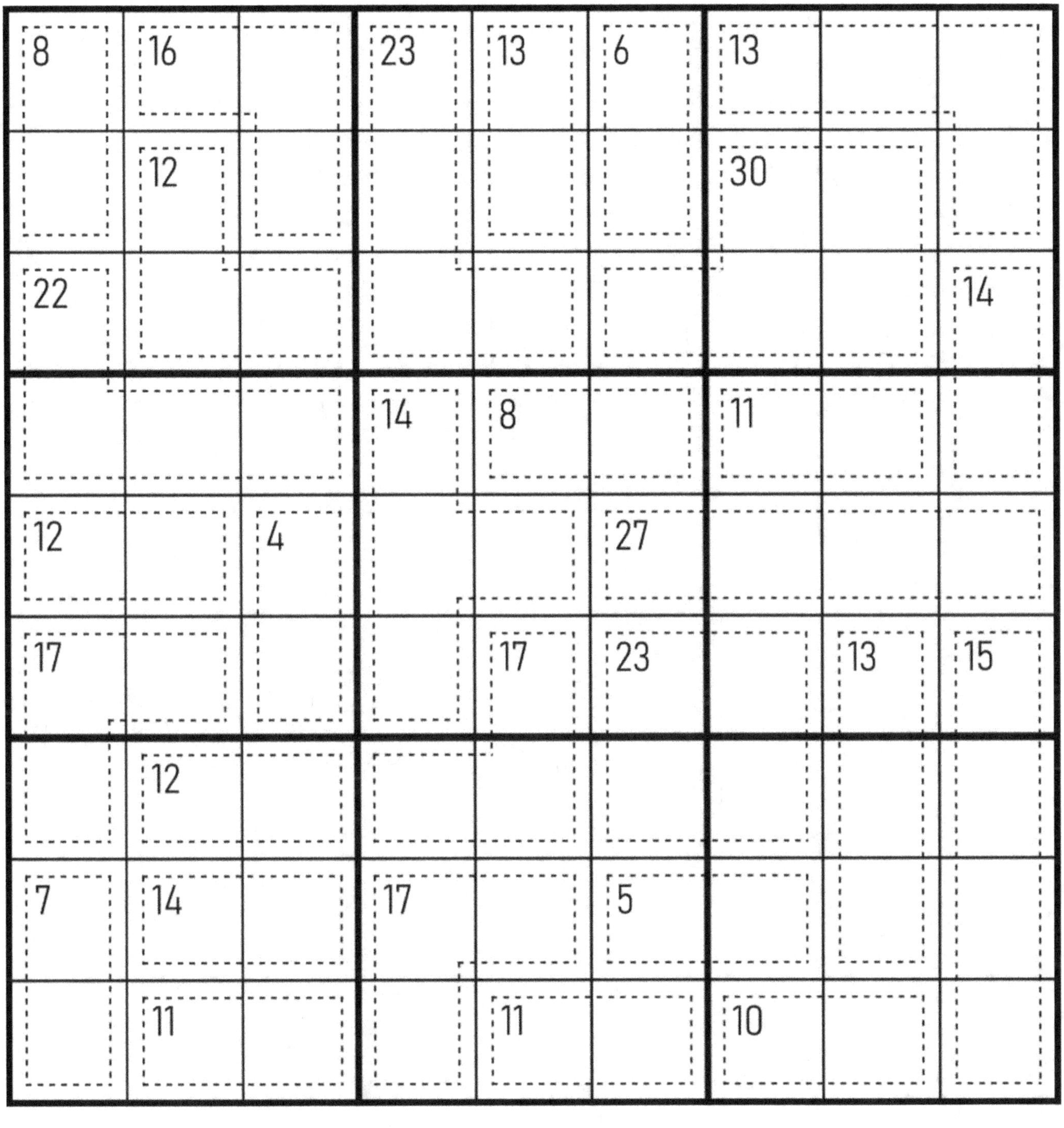

KILLER SUDOKU

PUZZLE 35 - HARD

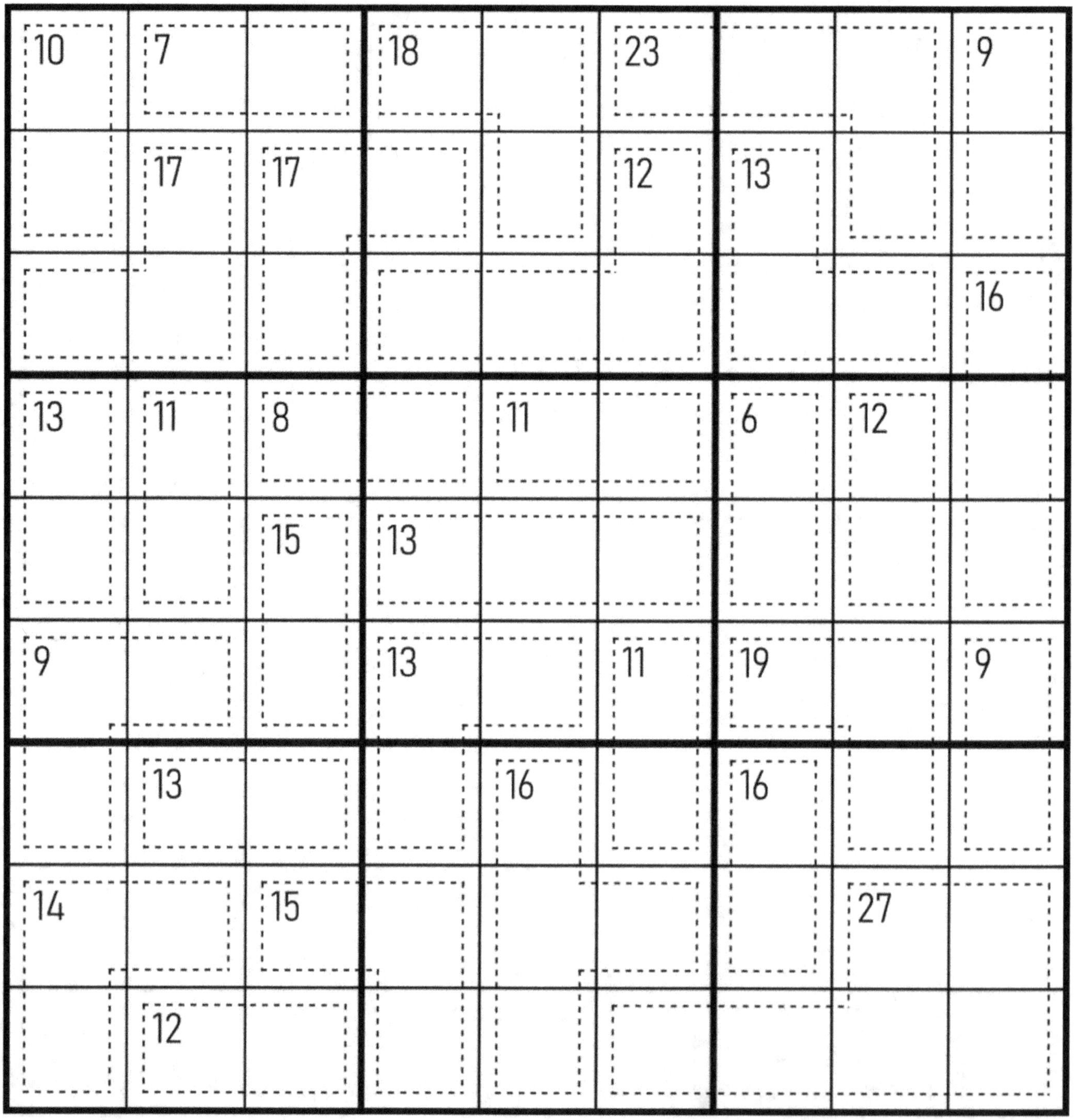

KILLER SUDOKU

PUZZLE 36 - HARD

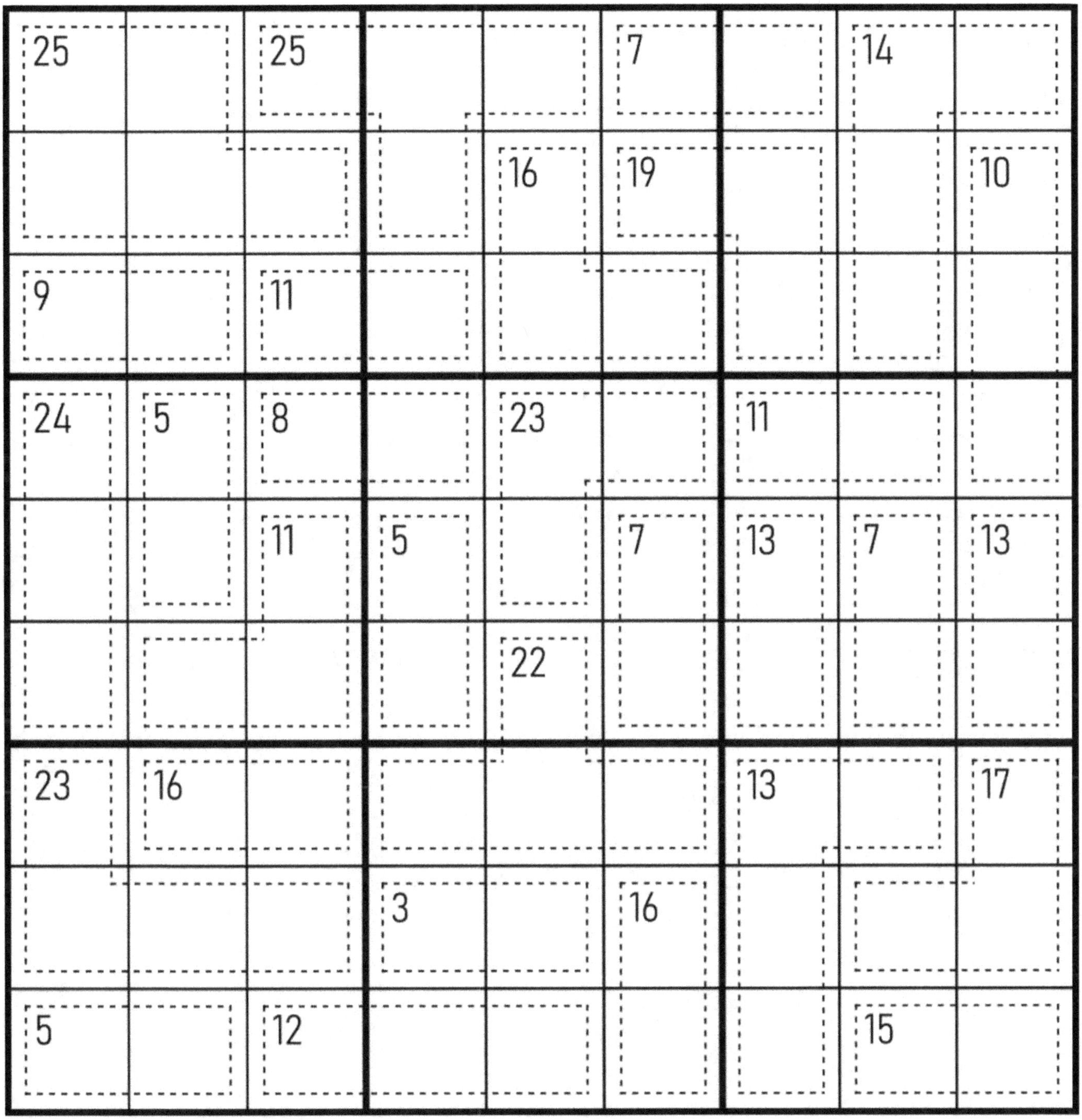

KILLER SUDOKU

PUZZLE 37 - HARD

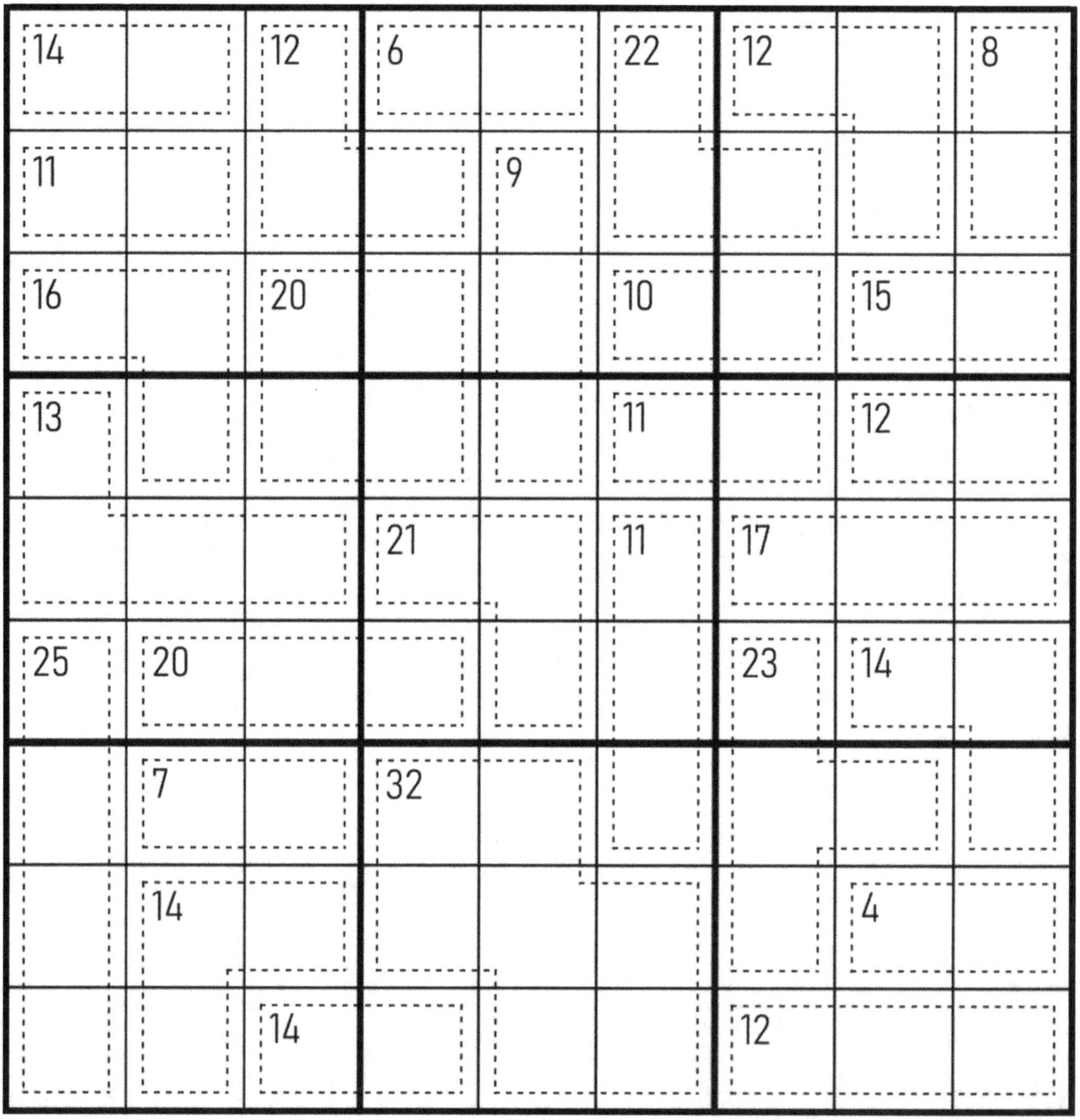

KILLER SUDOKU

PUZZLE 38 - HARD

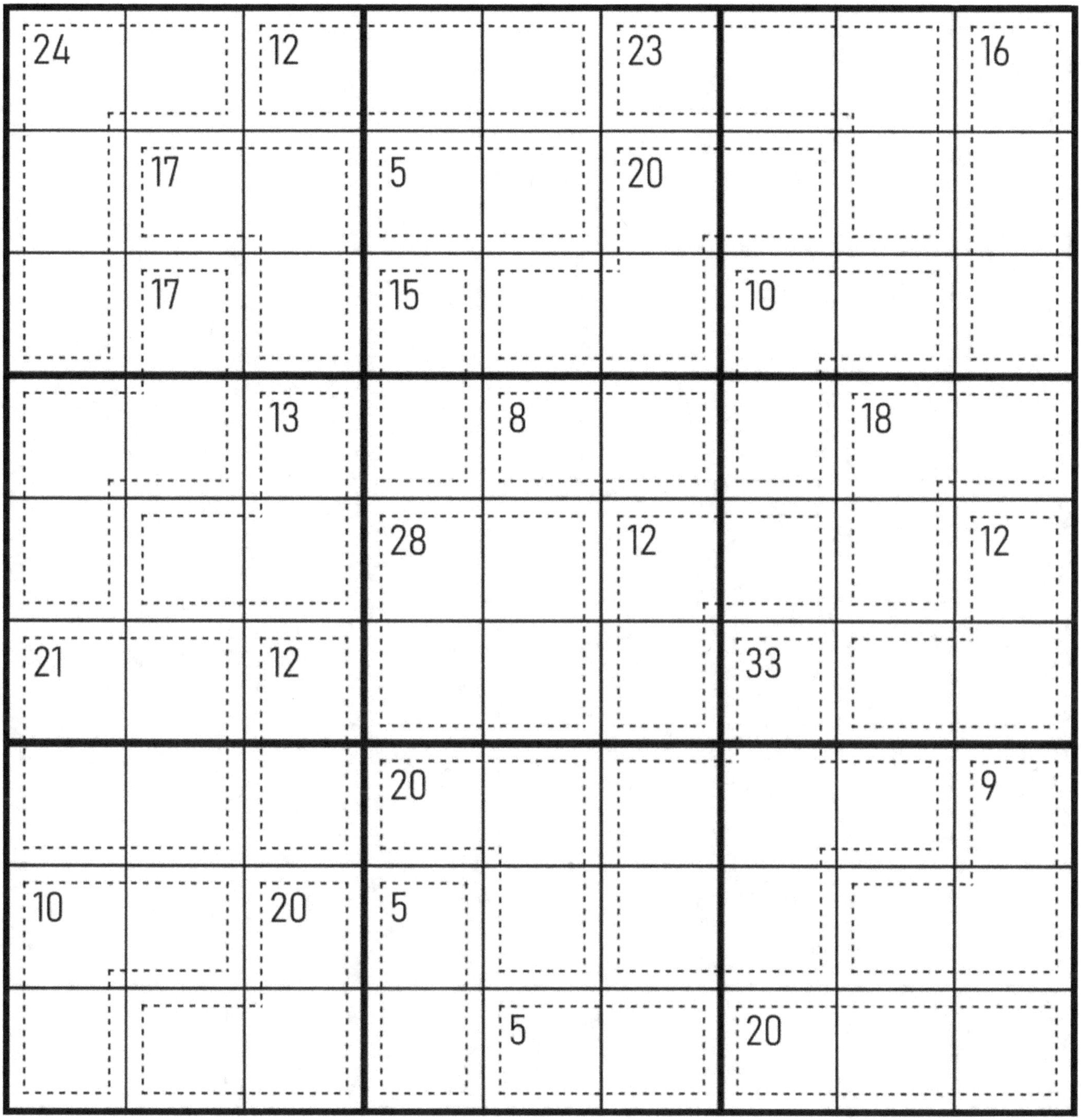

KILLER SUDOKU

PUZZLE 39 - HARD

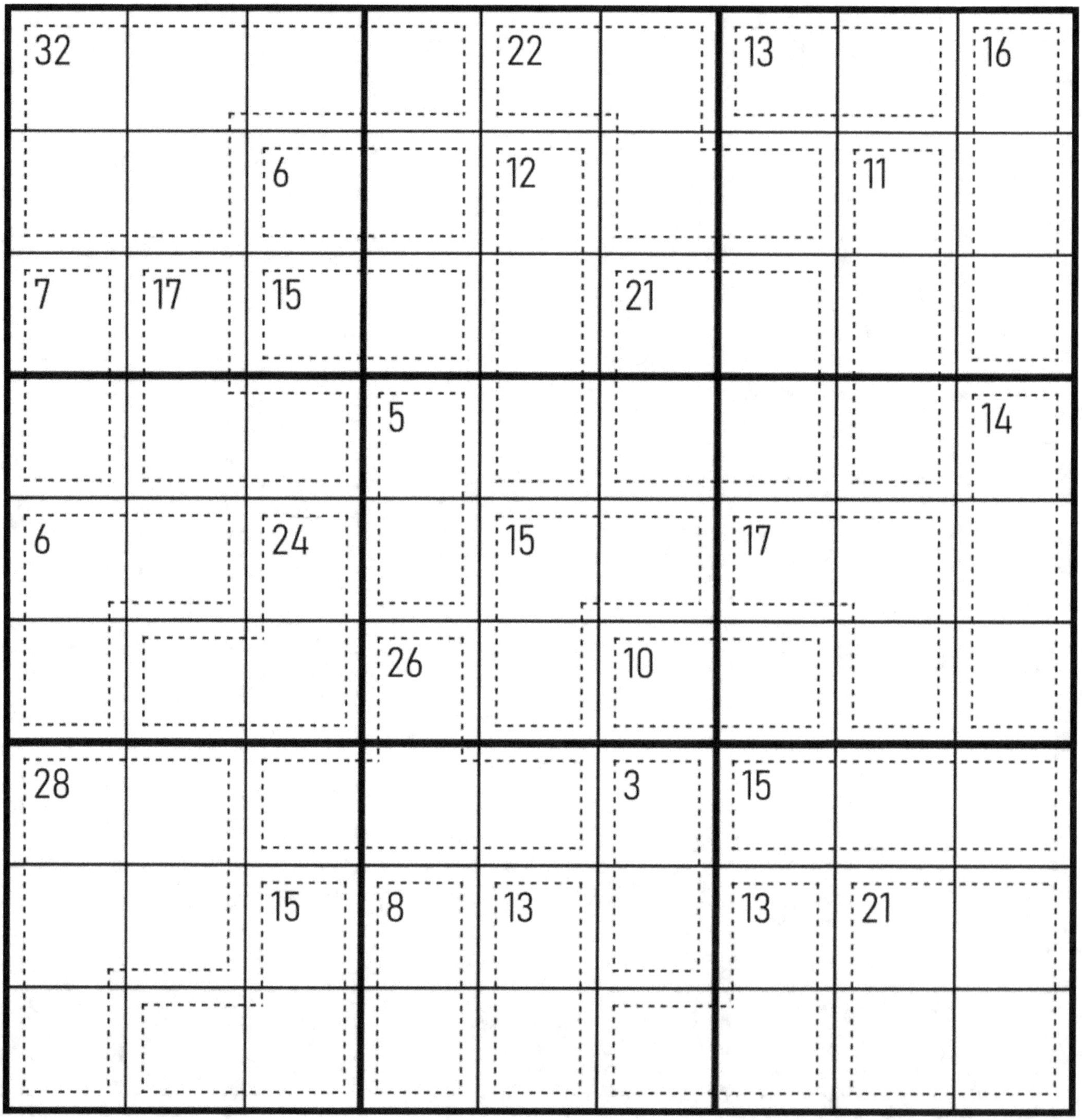

KILLER SUDOKU

PUZZLE 40 - HARD

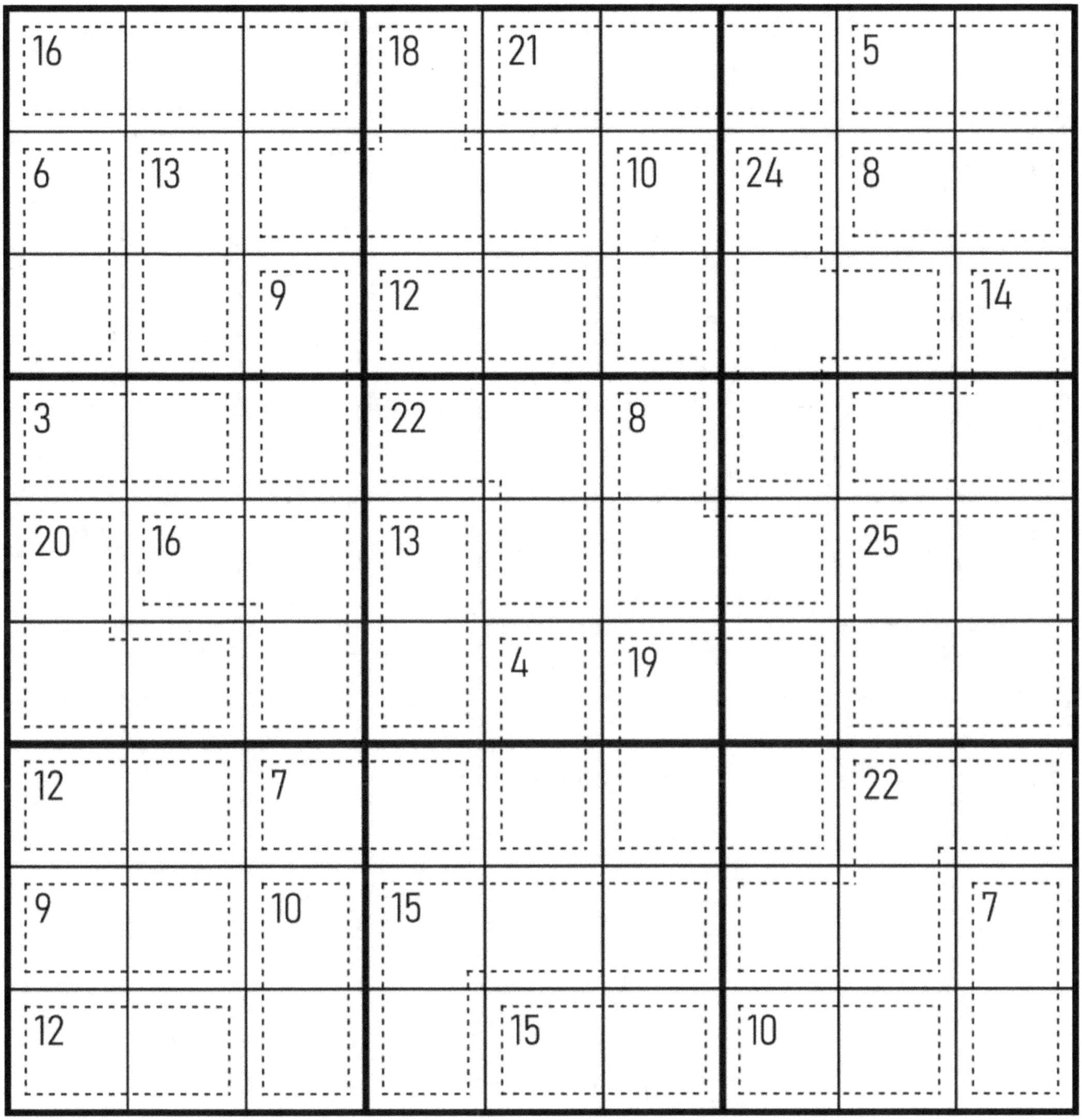

CALCUDOKU

PUZZLE 1 - EASY

6-		14+		5-		5÷		8×
13+	4-		3-		5×	19+		
	6×	1-		13+			7÷	3-
		6+			1-			
11+			7-		128×	5-		19+
7+			35×				15+	
18+	2÷	2-	16+	1-	14×			
					27×	18+		
	28×						7+	

CALCUDOKU

PUZZLE 2 - EASY

3+		18+	1-		63×		30+	
392×				5+				
	6×			45×	6÷	6-	3+	32×
9+		1-						
10+		7-		1-		1-	15×	
10+	9÷	5-		23+				20+
		10+						
	14+		9×		6×		28×	9+
54×		7+		14+				

CALCUDOKU

PUZZLE 3 - EASY

18+		2-		8÷		10+		162×
		3÷		24+				
7+		7-	2÷		7÷		840×	48×
13+				15+				
14×			24×		54×	8÷	20+	
	18+							
		24+		21×	14+		7+	
31+			17+			18×	6÷	3÷
				6+				

CALCUDOKU

PUZZLE 4 - EASY

4+		1-	2÷	1-		6×	9÷	12+
3÷				16+	11+			
20+	1-	40×				6÷		
			3÷		72×		30×	
	5÷		1-		13+	10+	22+	
15×		15+					10+	
20×		27×	5-	40×	1-			9÷
4÷					10+	40×	9+	
15+		8+						

CALCUDOKU

PUZZLE 5 - EASY

1-		16+		35×	31+		2÷	
2÷			3×		15×			
15+				216×		3-	21×	4÷
11+		4÷			20+			
3÷		2-	4-				9+	
63×	7÷			4÷	2-	12×	6÷	12+
		3-						
32×	162×		17+			15+		
		11+		18×			3-	

CALCUDOKU

PUZZLE 6 - EASY

17+		19+			70×		36×	
		9÷		18×	12+		1-	
10+	1-	2÷					12+	
		4-		5-	13+	4÷		48×
14×		12×	5-			13+		
20×				21×		54×		
	26+			12+		9+		
5-		14+			3÷		11+	
5-				20×		18+		

CALCUDOKU

PUZZLE 7 - EASY

63×		2÷		35×	72×		4÷	10+
30×		7+			7+			
	2÷		8÷		11+		7-	
36×		2÷		6×	15+		180×	
17+	18+				30×			
	18+			27×	9+	315×		
	3-		840×				3-	
11+				72×			7+	
18+				1-		42×		

CALCUDOKU

PUZZLE 8 - EASY

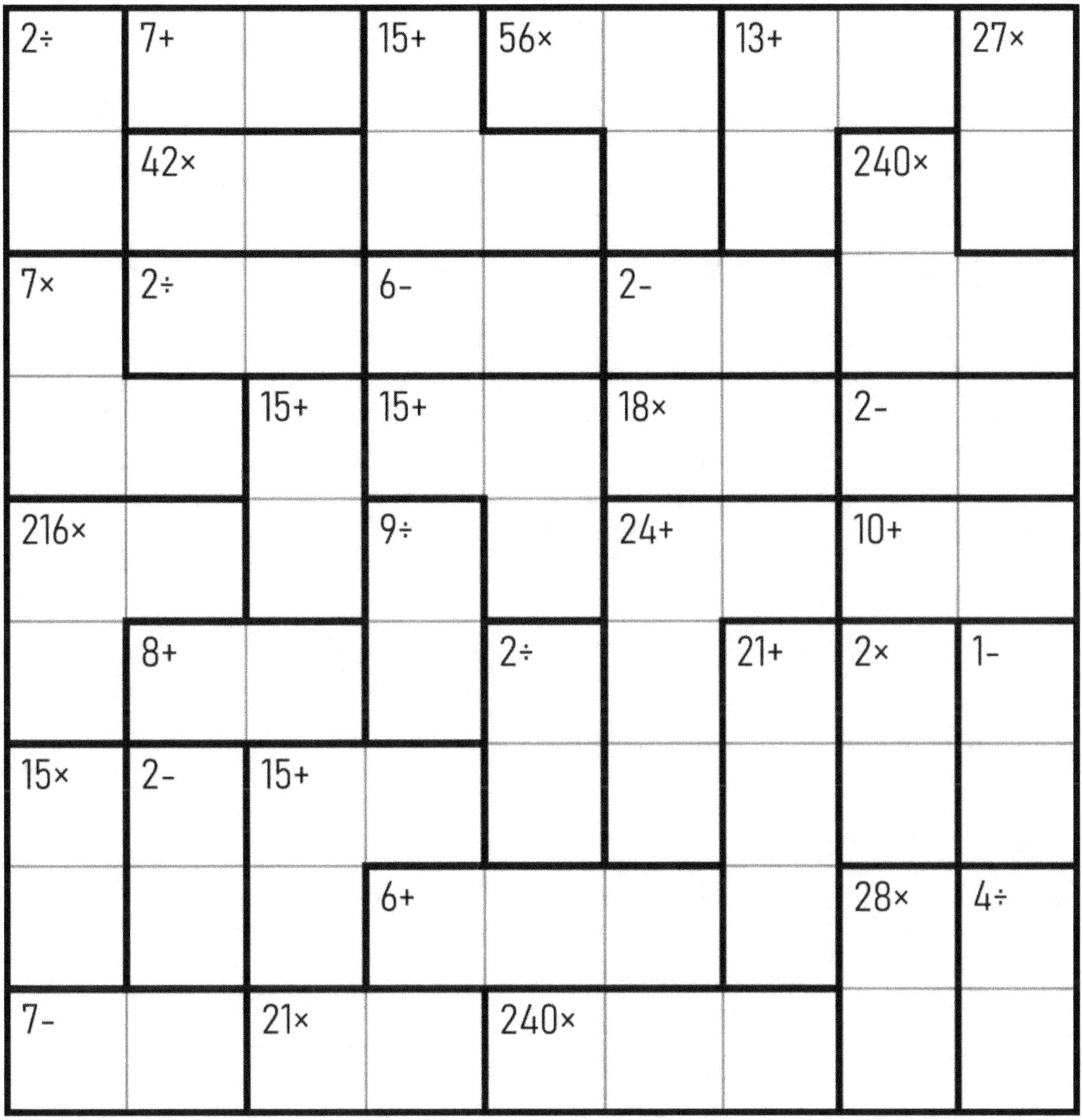

CALCUDOKU

PUZZLE 9 - EASY

31+		1-		11+		9÷	1-	2-
		5-	4÷					
	3÷		2-		15+			21×
		27+		11+		14+		
24×			9×	15×	7+	16+		8÷
		28×				12×		
16+			13+		18×		2÷	11+
8÷	10+	1-	21×	16+				
					48×		14+	

CALCUDOKU

PUZZLE 10 - EASY

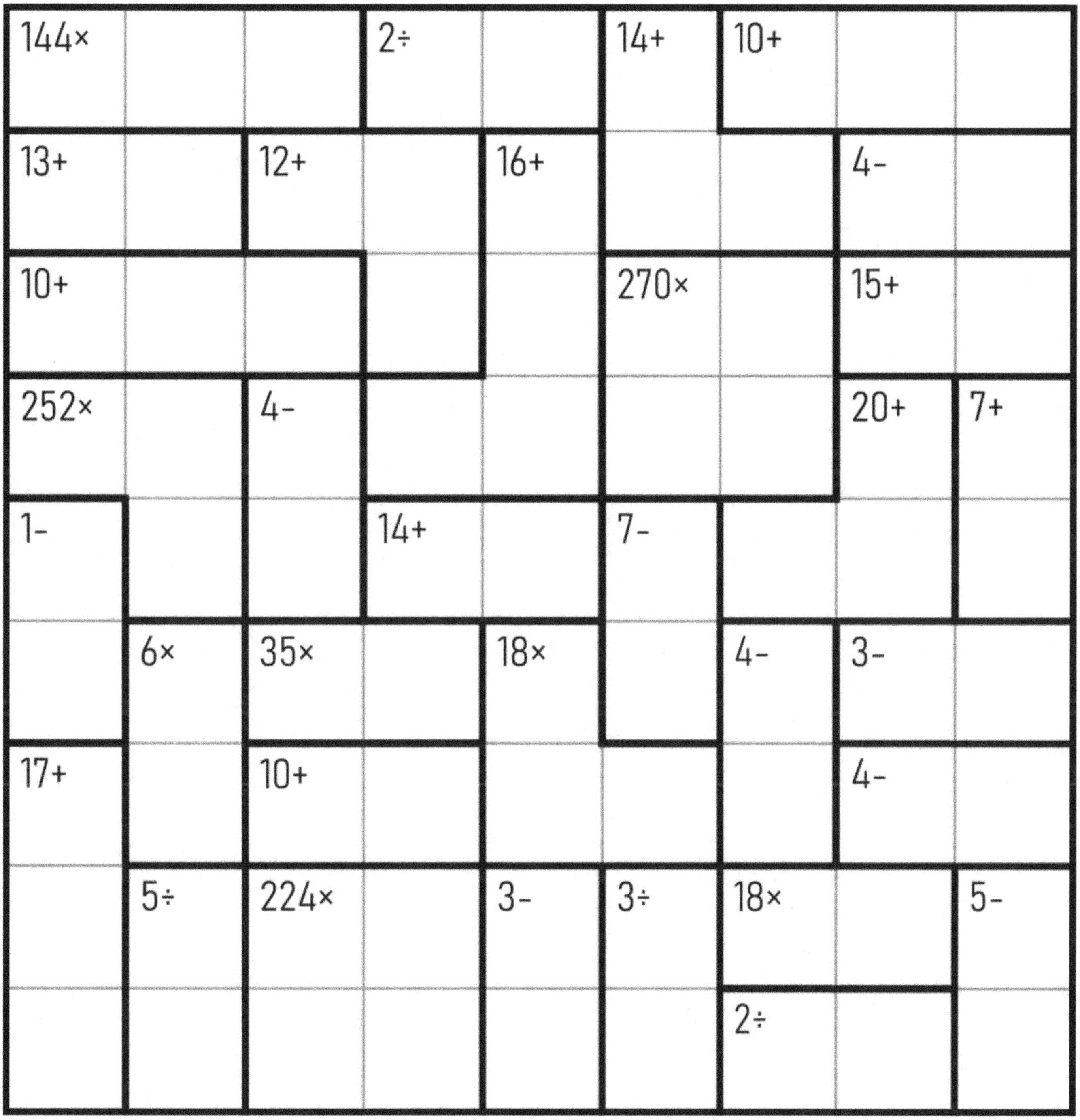

CALCUDOKU

PUZZLE 11 - EASY

11+		45×	9+		11+	9×		6-
	1-		21×				48×	
23+		6×		4-	5-			
		14×			432×		11+	9+
	9÷	4+	7+			1-		
3÷			19+	11+			1-	12+
	12+			4-	4×			
		288×				35×	6+	
28×			12×				12+	

CALCUDOKU

PUZZLE 12 - EASY

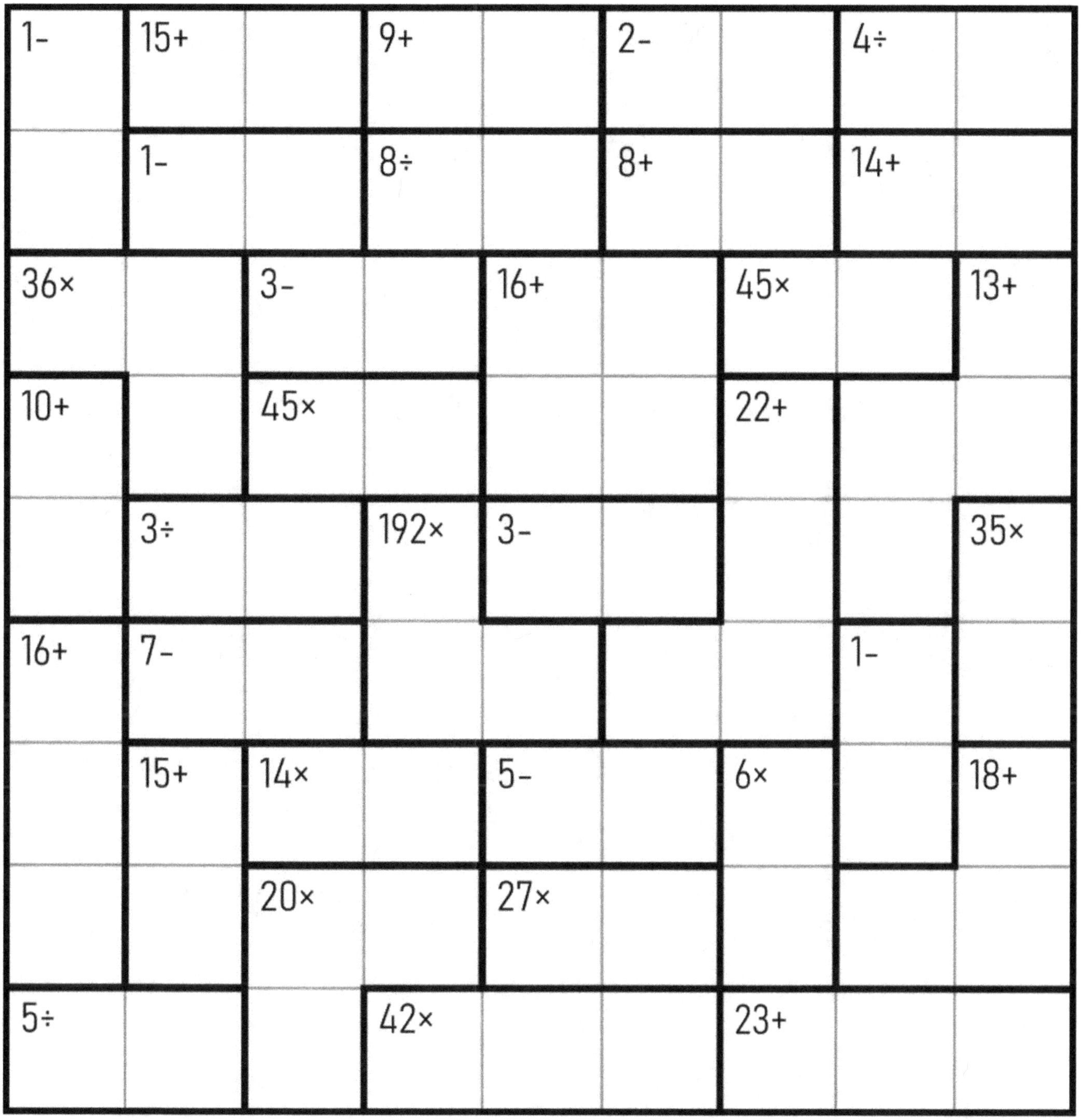

CALCUDOKU

PUZZLE 13 - EASY

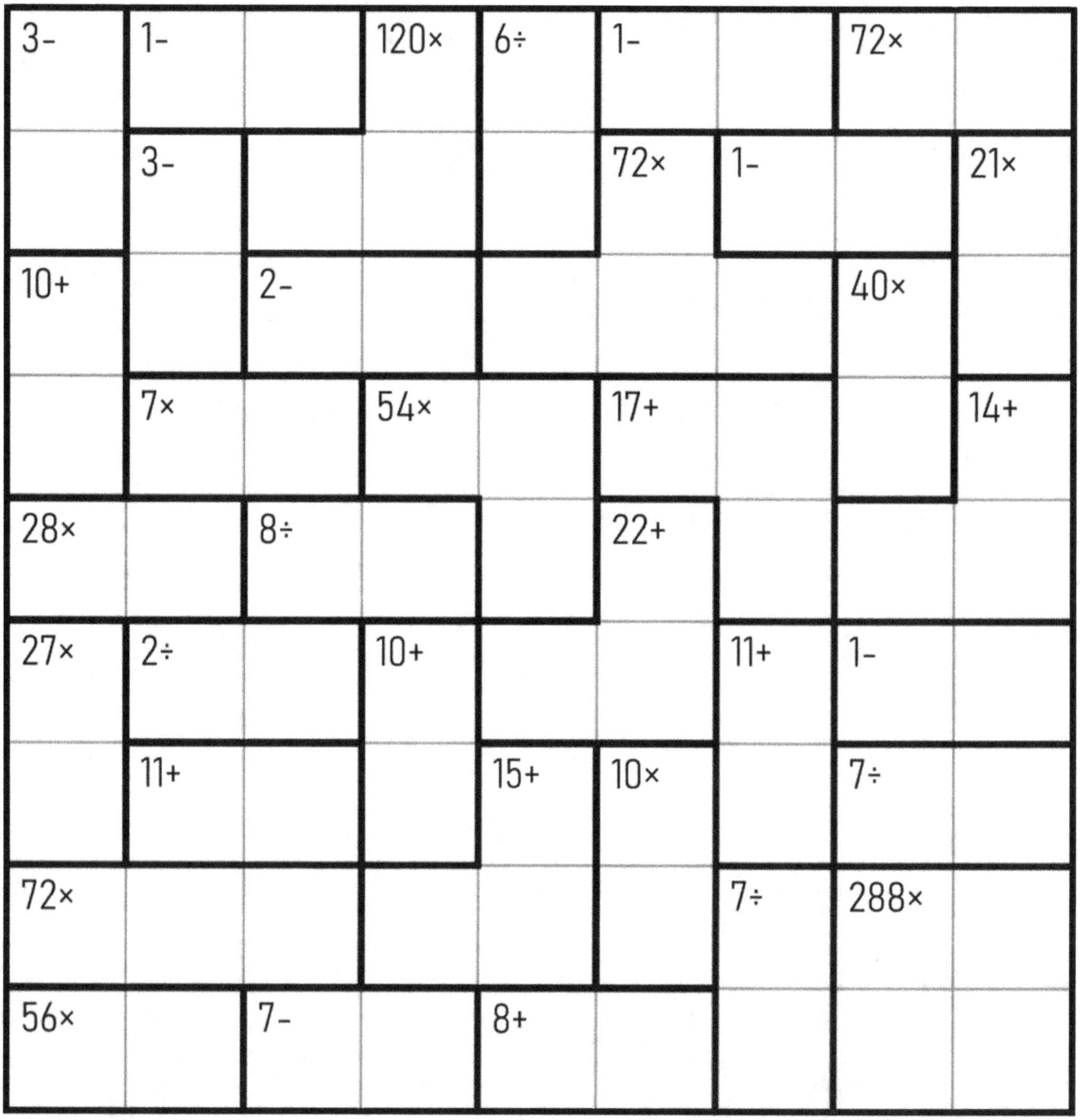

CALCUDOKU

PUZZLE 14 - EASY

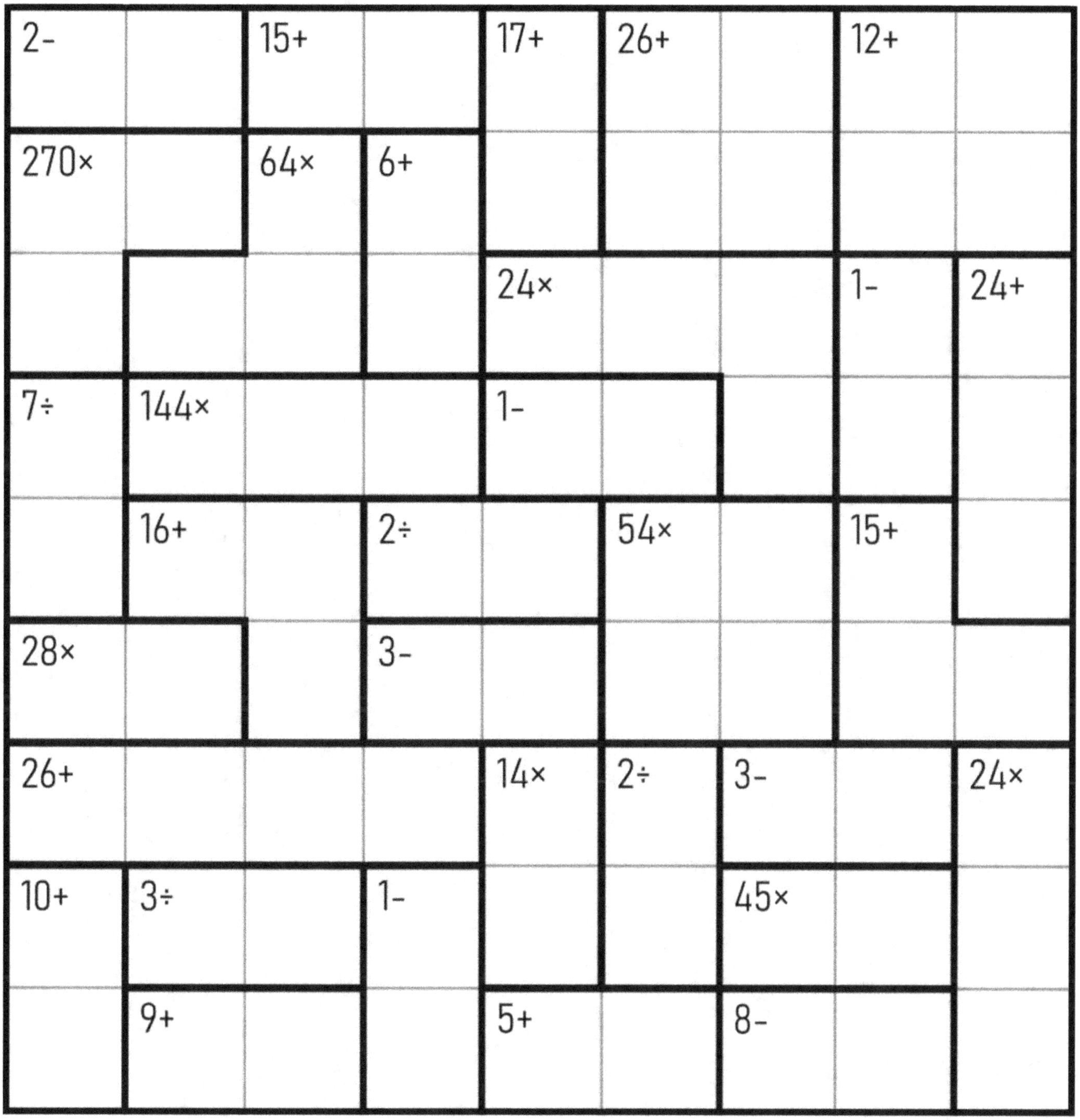

CALCUDOKU

PUZZLE 15 - EASY

13+		72×		1-		2÷	14+	5-
10+	4-		4+	5-				
		30×		378×				14+
24×			6-		4-			
	23+	3+		19+		11+	30+	
10×			3-					
	27×				3-		4-	
9×	27+			2-	4÷	12×		2÷
	1-					48×		

CALCUDOKU

PUZZLE 16 - MEDIUM

4+		2÷	17+	30×	1-	42×	21×	8÷
11+								
24×		54×		8×	15+	10+		
63×						30×		10+
12+		17+		8×			18+	
12+		6+		1-		11+		2-
8÷			16+	189×	54×			
1-	2÷					22+		
	9+				5+			

CALCUDOKU

PUZZLE 17 - MEDIUM

22+	63×	2-	5+	3-		20×	14+	2÷
				4+				
	3-	2÷	4÷		16+	3÷		9+
			4-			3-		
2÷		144×		11+	180×	2-		14+
10×						13+		
1-	14+		3-				9÷	
	3÷			35×	9+		1-	30×
13+		6÷			4÷			

CALCUDOKU

PUZZLE 18 - MEDIUM

90×			10+		12×	18+		
9+	14+	10×		40×		54×	16+	
		28×						
2-		1-	112×		4÷	23+		5×
4×	12+		6×					
		48×			15×		24+	
2÷			54×		35×			9+
56×	20×	24×			24+	14×		
		2-					2÷	

CALCUDOKU

PUZZLE 19 - MEDIUM

21+		20×		1-	24×		17+	
		18×				5+	6÷	
63×		240×		18×			11+	
2÷	1-					2÷		11+
	5+		48×	14+	280×			
12×					54×		14×	3÷
72×			4-	140×				
2÷	3÷			30×		8÷		14+
	7÷		54×			7+		

CALCUDOKU

PUZZLE 20 - MEDIUM

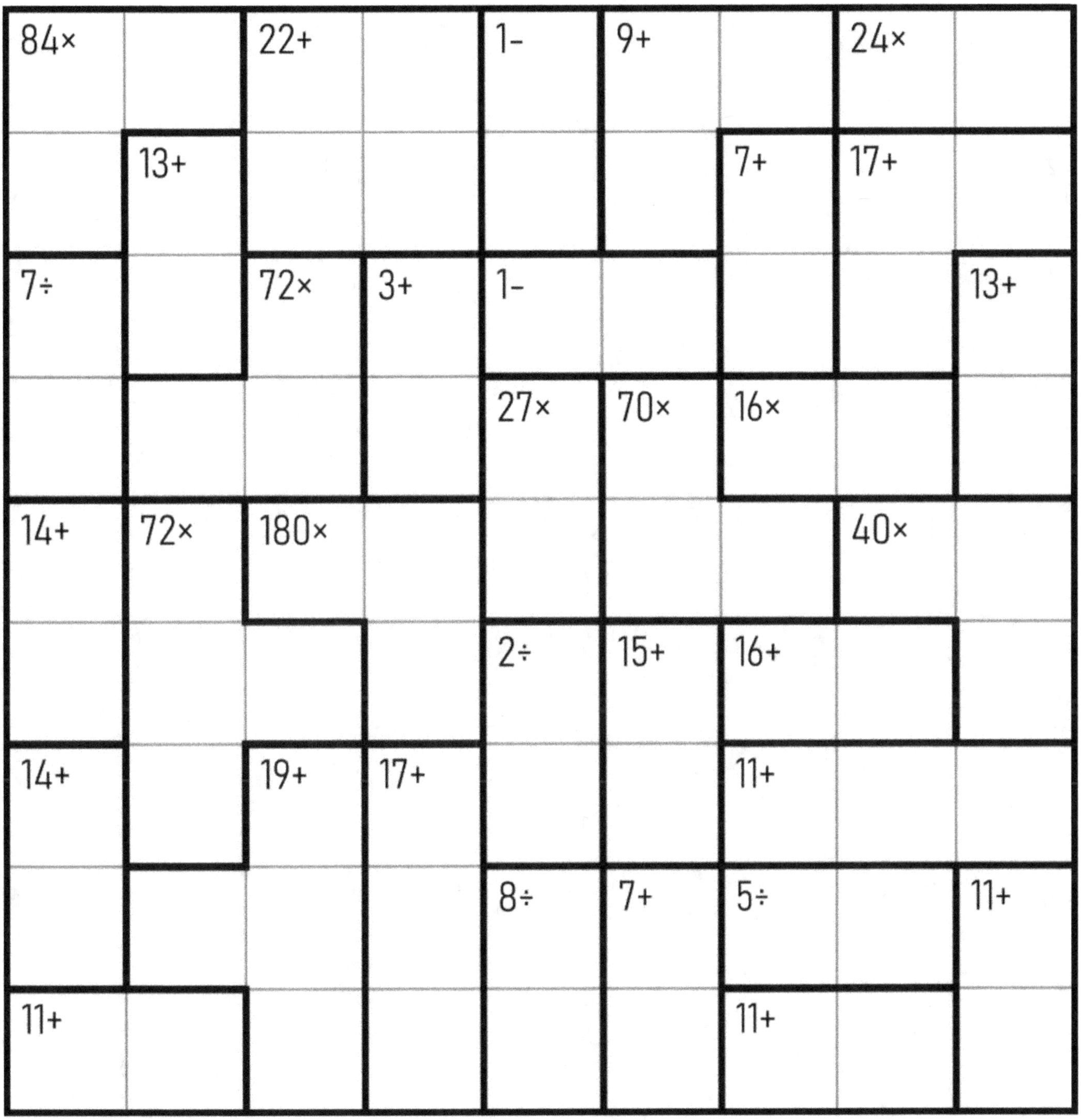

CALCUDOKU

PUZZLE 21 - MEDIUM

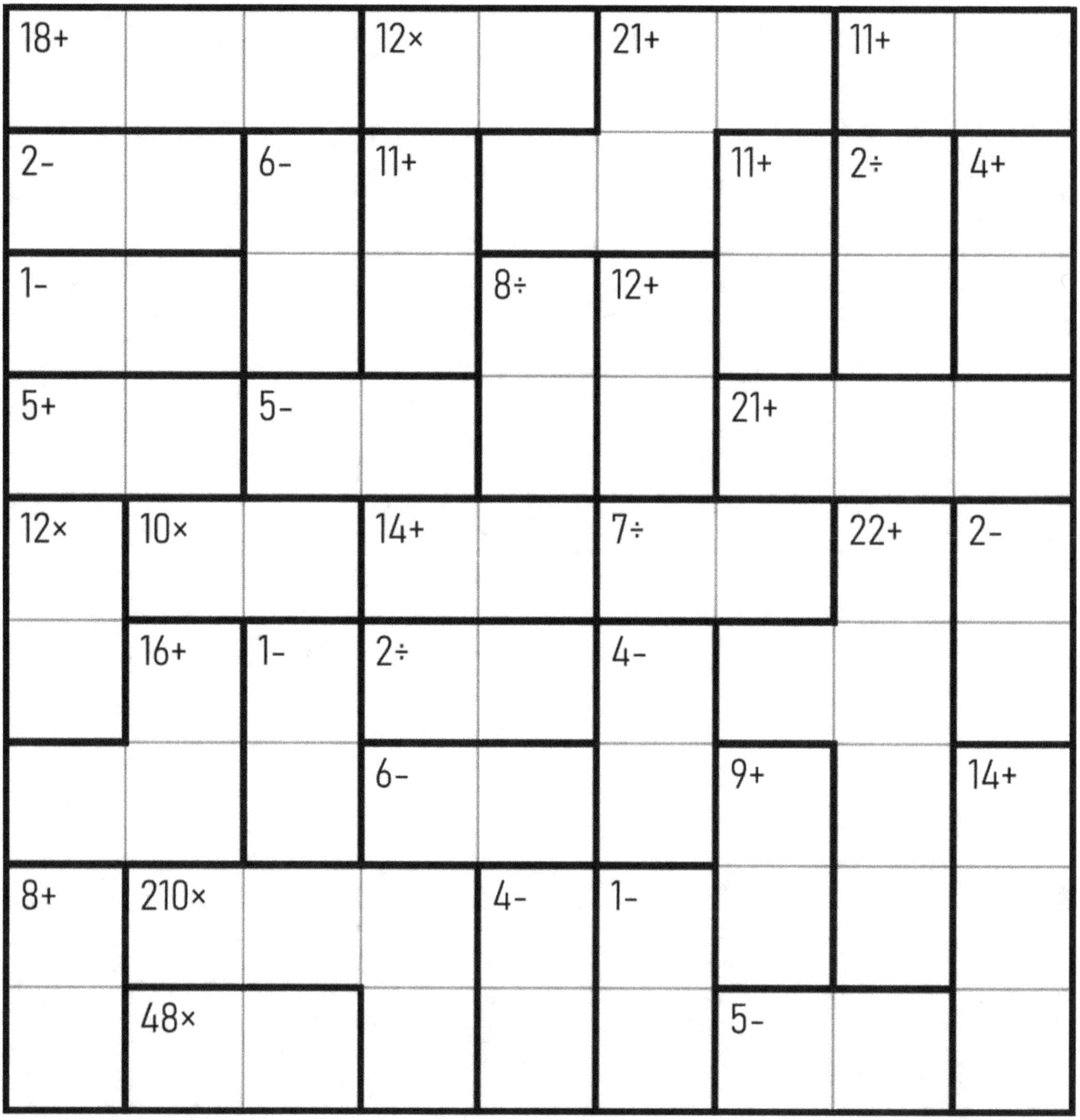

CALCUDOKU

PUZZLE 22 - MEDIUM

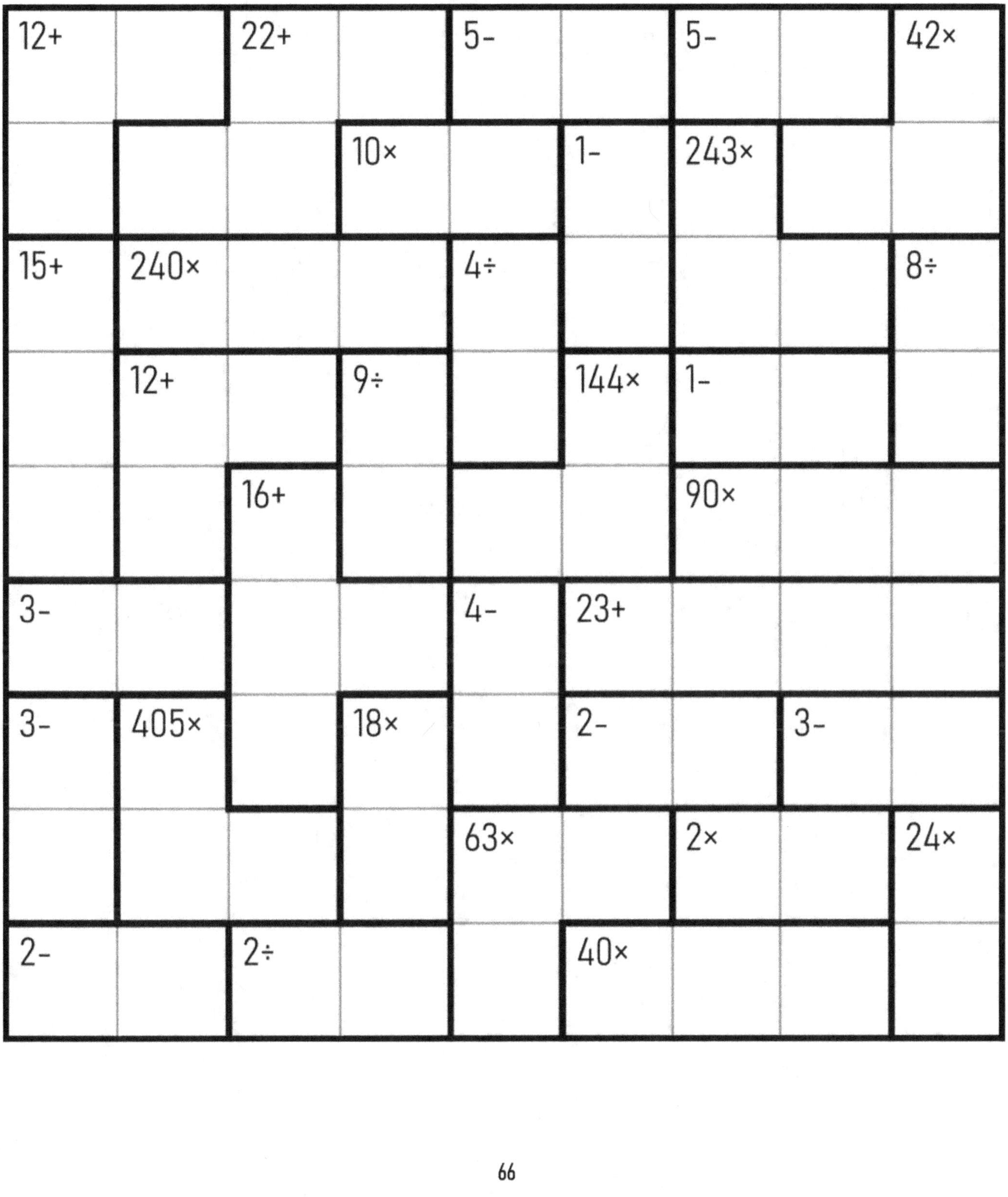

CALCUDOKU

PUZZLE 23 - MEDIUM

24+			6+		2÷		2-	9+
6×	2-	2-		13+	10+			
		8+			56×	240×		9÷
16+		11+	1-					
	5+		14×	8÷	23+			3-
11+		18×			15+		168×	
			216×	1-	6×			1-
10+						18+		
19+							8÷	

CALCUDOKU

PUZZLE 24 - MEDIUM

11+	3×	120×		17+	2÷		14+	35×
					7-			
2-		4÷	5-	3÷		15+		
48×				8+	72×		10+	1-
28×		16+						
90×	432×		12+	60×		25+	2÷	
		15×		1-		14+		
5÷		10+		10+		144×		

CALCUDOKU

PUZZLE 25 - MEDIUM

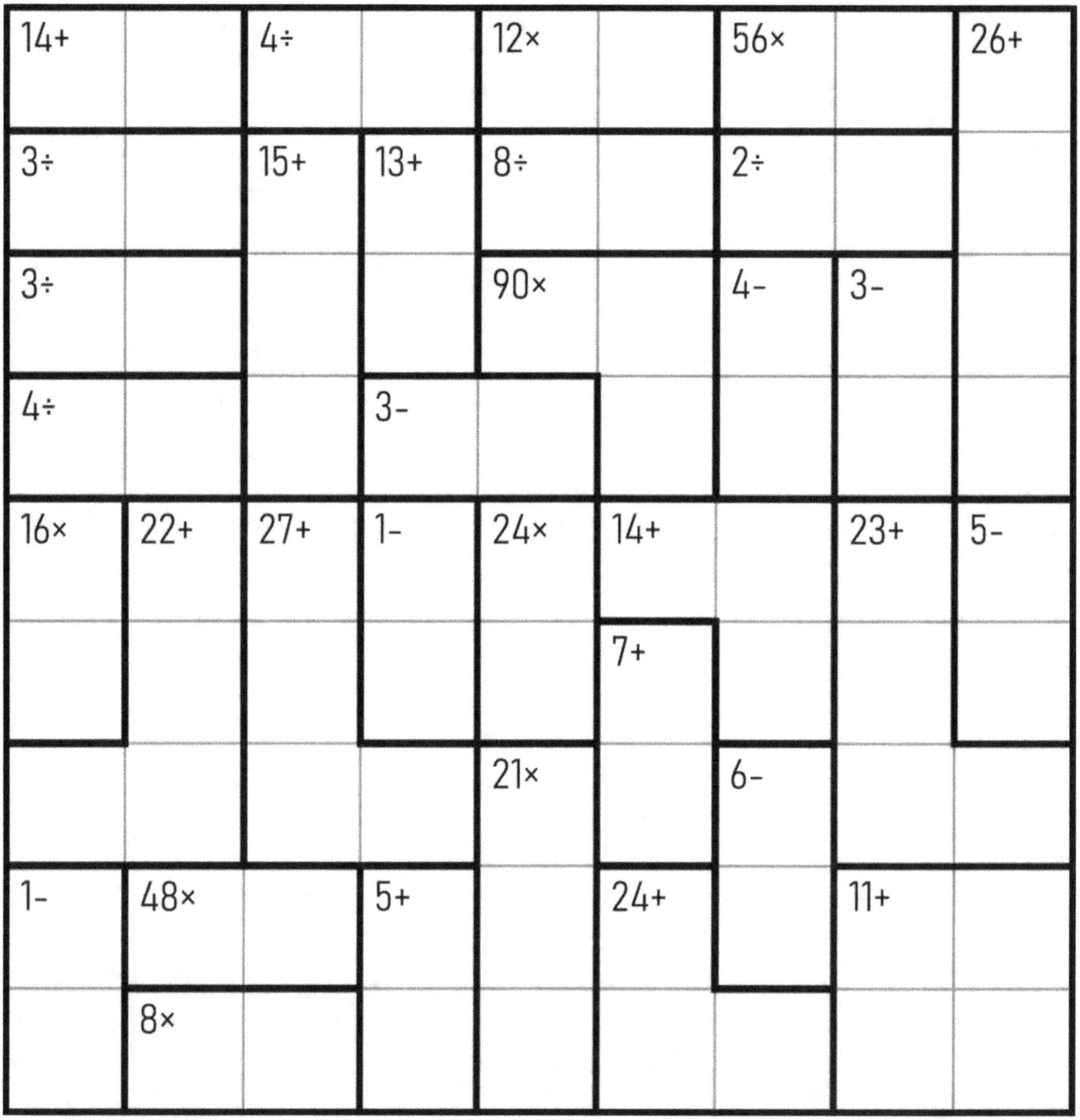

CALCUDOKU

PUZZLE 26 - MEDIUM

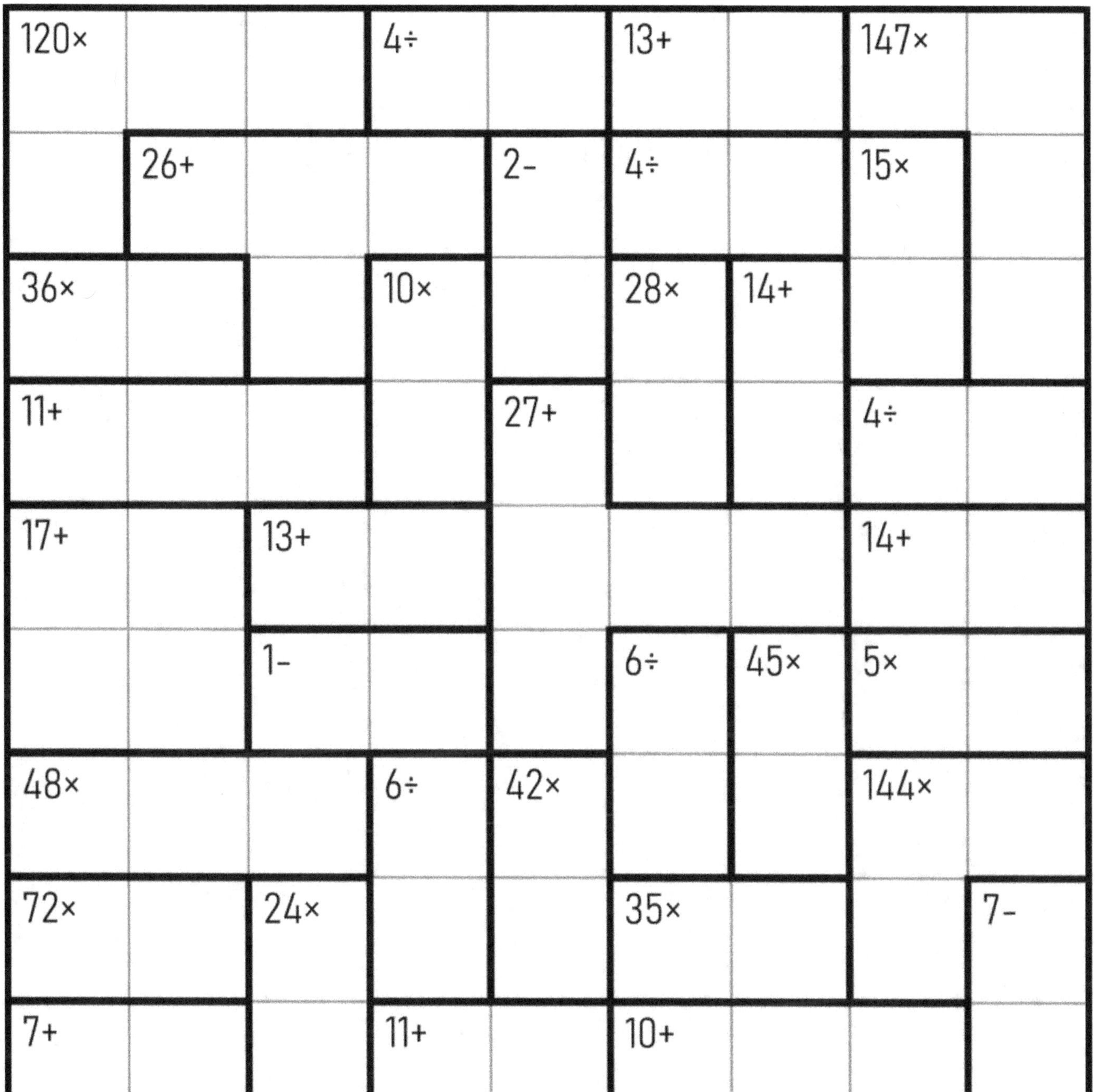

CALCUDOKU

PUZZLE 27 - MEDIUM

7+		14+	14×		12×		45×	
5-			3-	5÷		20+		
9+		3-		108×	13+	12+	8×	
15+			8+					336×
18×	7+	3÷			1-	7+		
			9+			3-		
8+	8-		360×		6-	9+	7+	
	17+						10+	2÷
1-			14+		9÷			

CALCUDOKU

PUZZLE 28 - MEDIUM

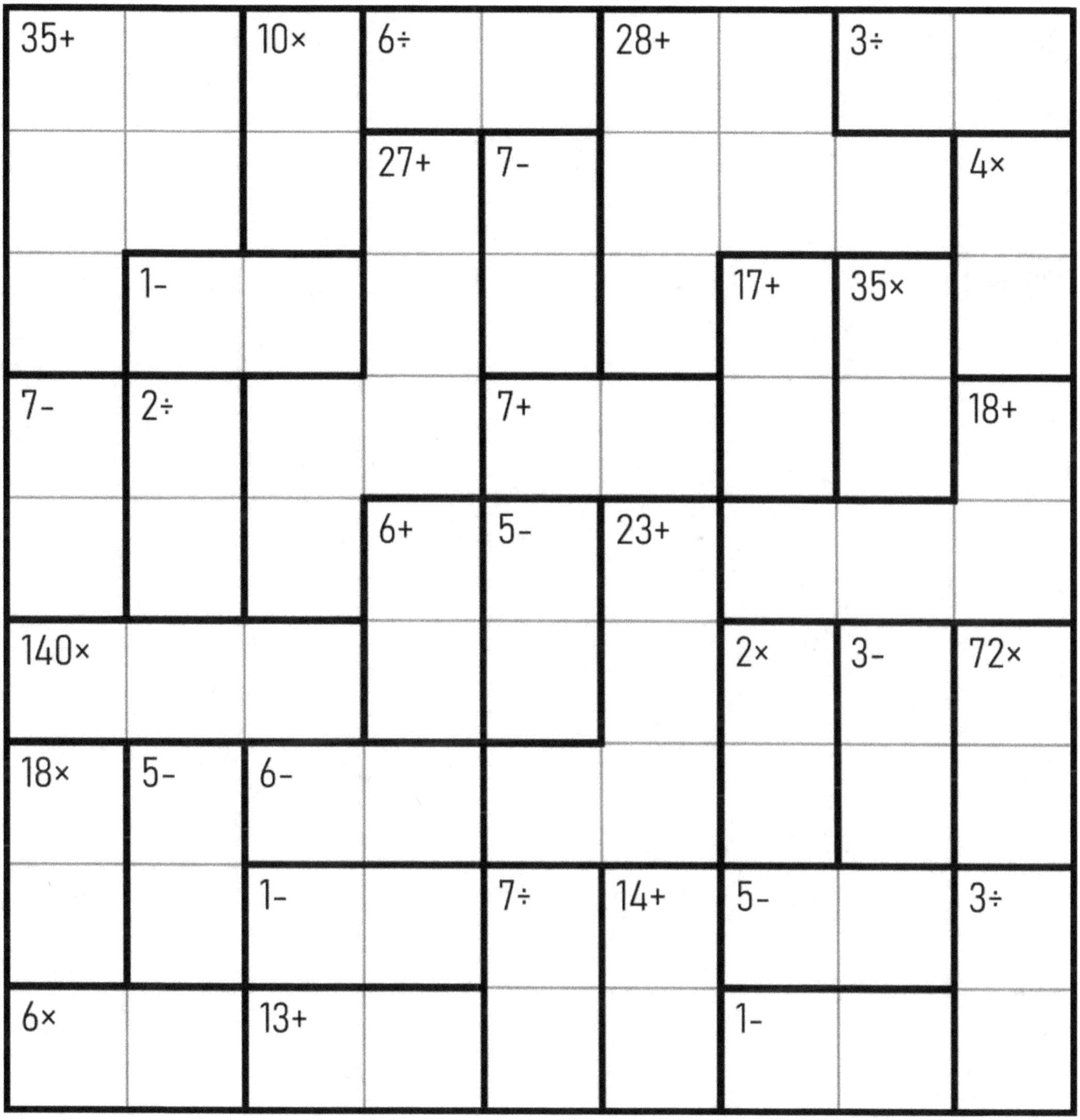

CALCUDOKU

PUZZLE 29 - MEDIUM

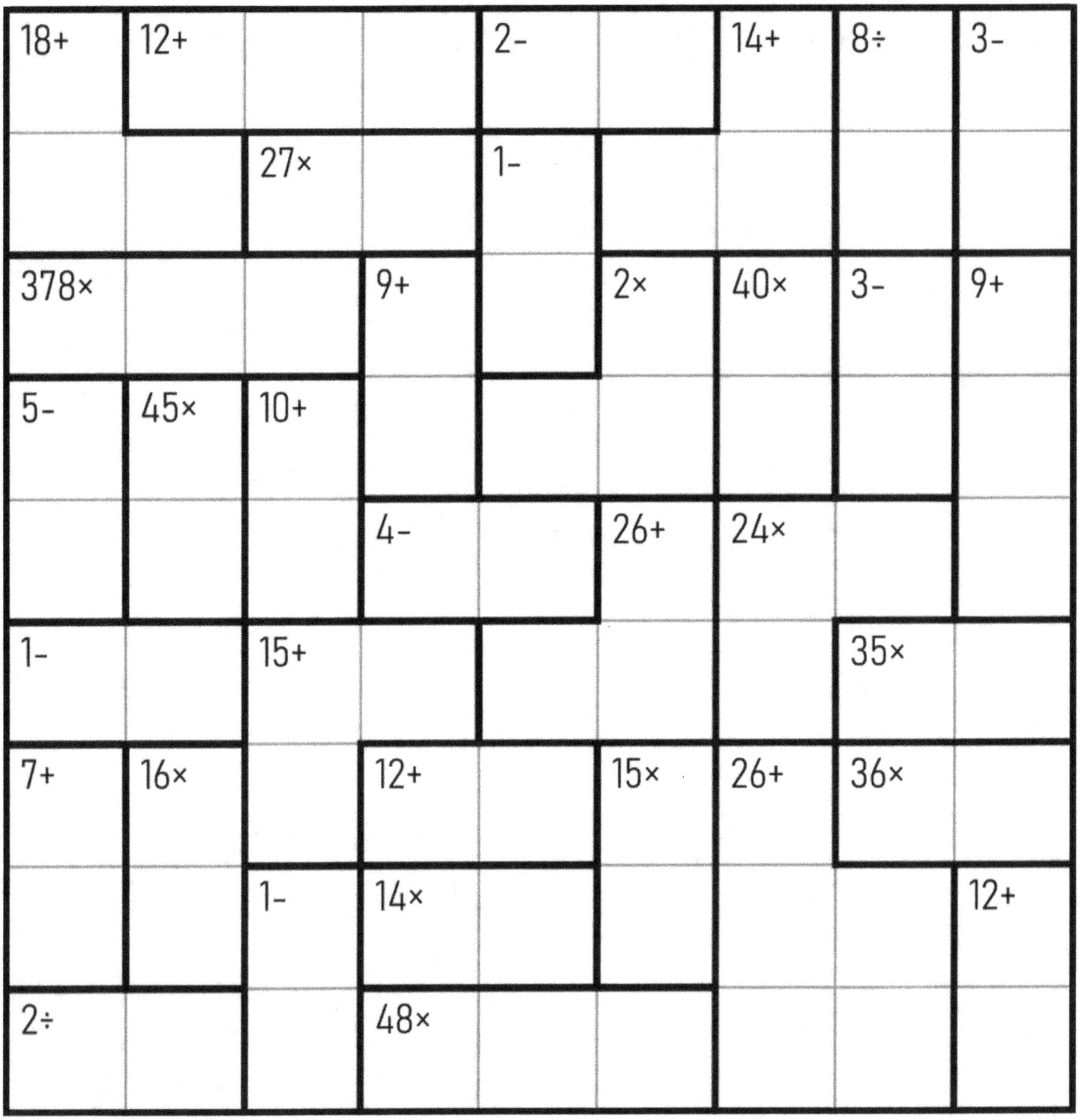

CALCUDOKU

PUZZLE 30 - MEDIUM

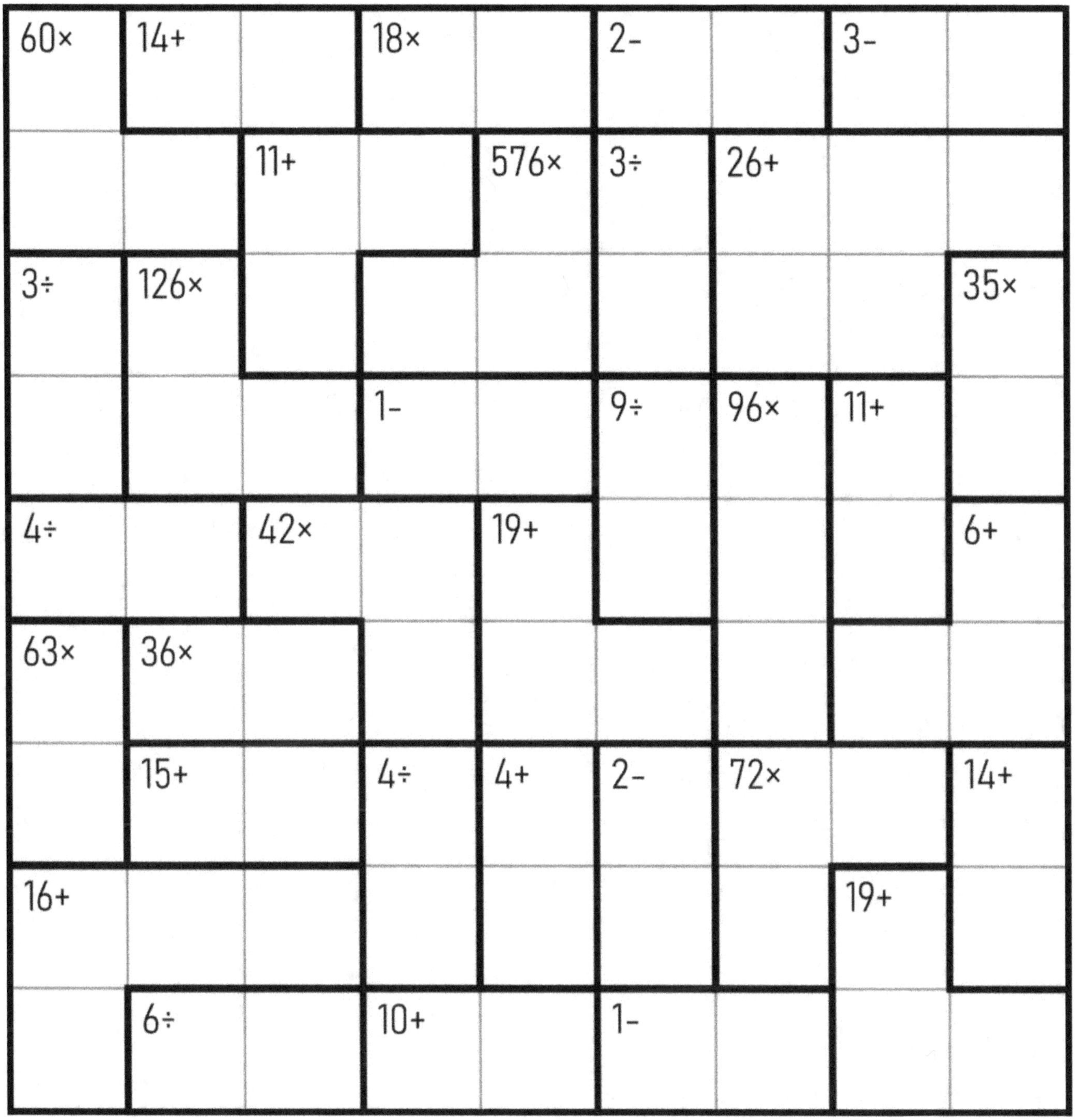

CALCUDOKU

PUZZLE 31 - HARD

11+		420×			6÷		20+	
36×			24×		3-			9÷
1-	5+	7×		2÷		3-		
		15+	10+	7÷		48×		15×
70×				6-	17+		24×	
		15+			3×			4-
9×	4÷		13+		2-	20+		
	25+		45×	12+			4÷	
							10+	

CALCUDOKU

PUZZLE 32 - HARD

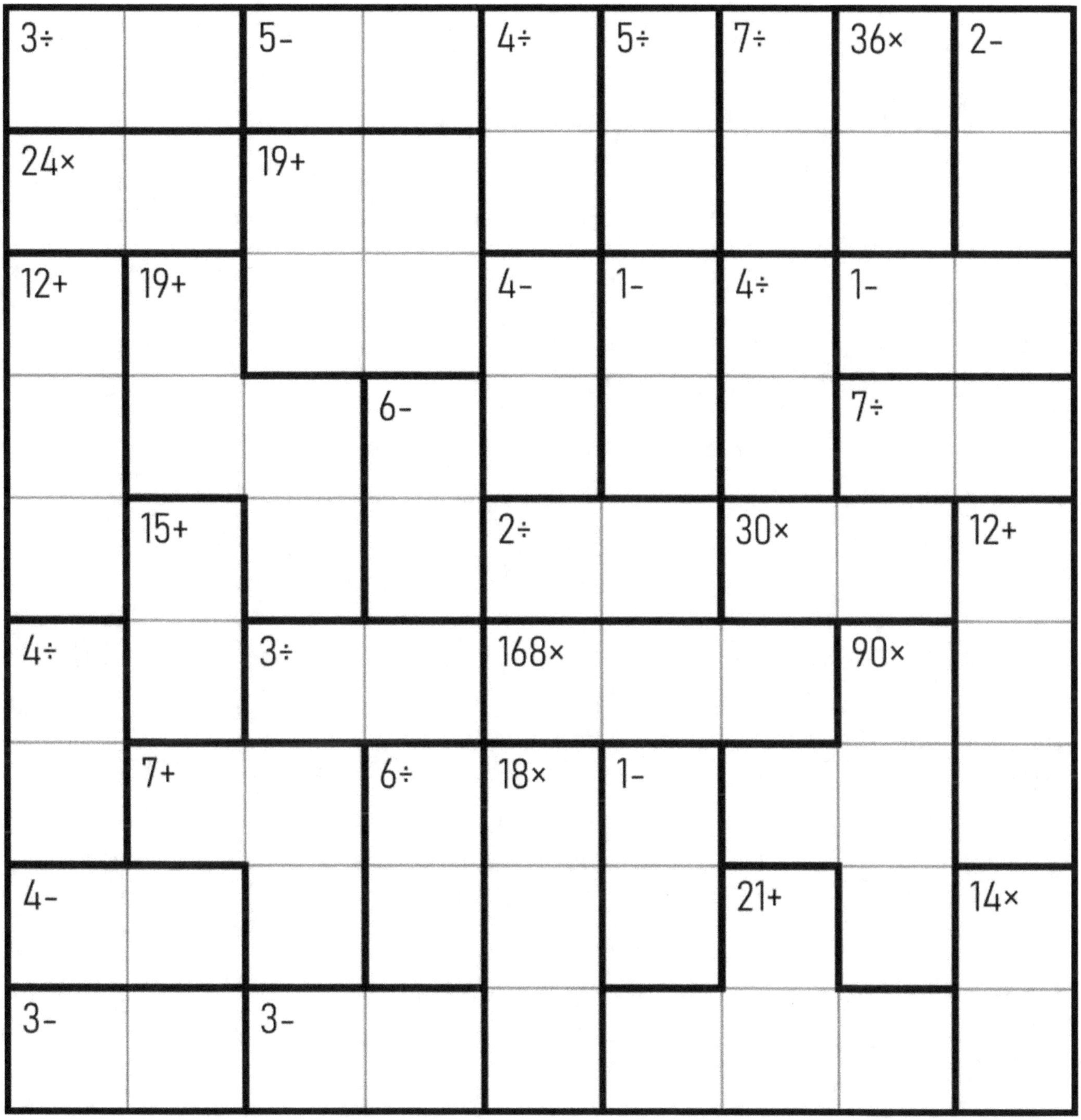

CALCUDOKU

PUZZLE 33 - HARD

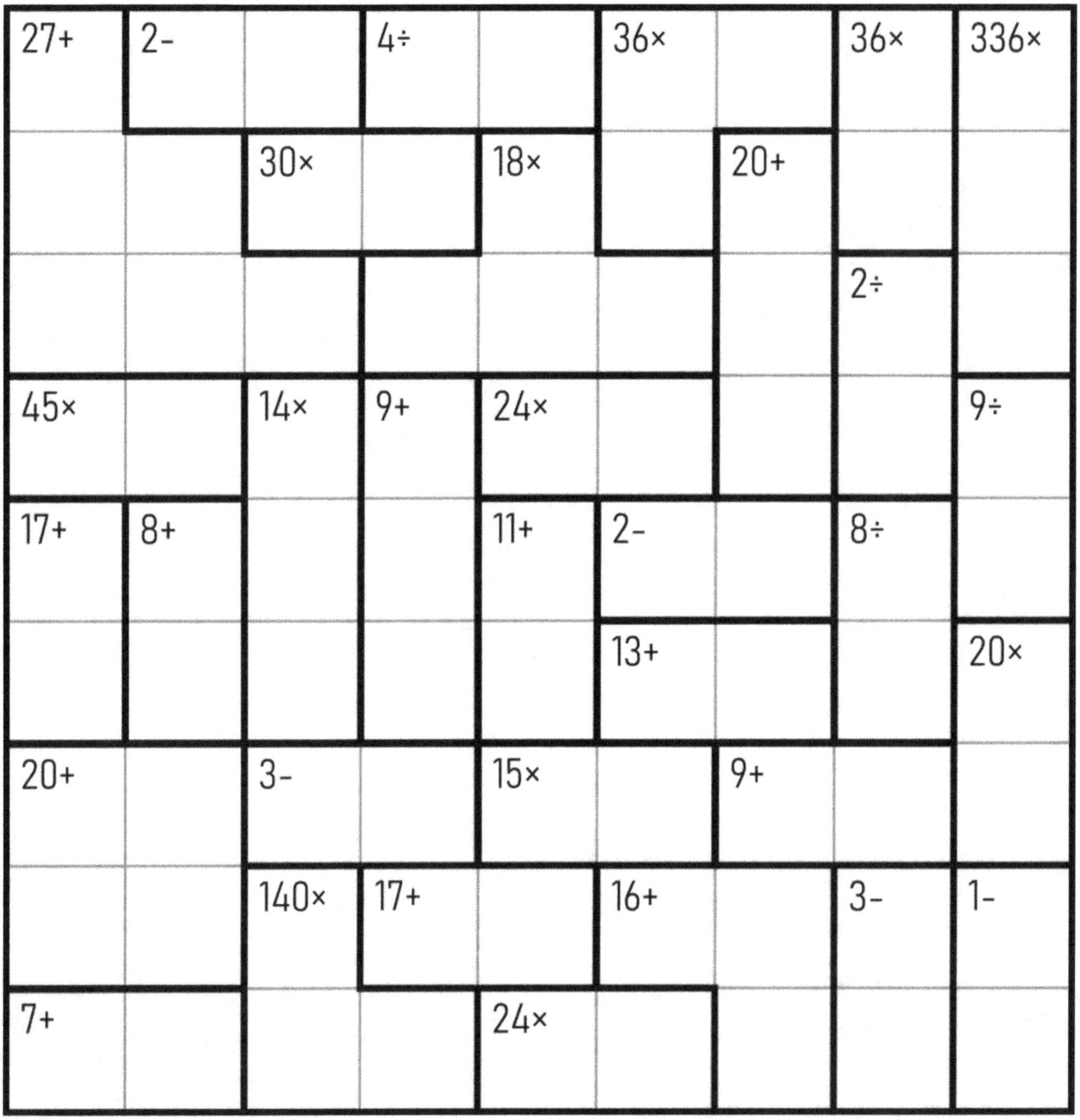

CALCUDOKU

PUZZLE 34 - HARD

26+		2-	54×		10×		28×	
			5-		6-	5-	10+	
2÷		48×	18+					1-
9+	4÷		10+		17+	12+		
						6-	1-	
9+		2÷	7÷	9+			27×	
18+				1-		6-		40×
		36×		24×	1-			
45×		1-				16×		

CALCUDOKU

PUZZLE 35 - HARD

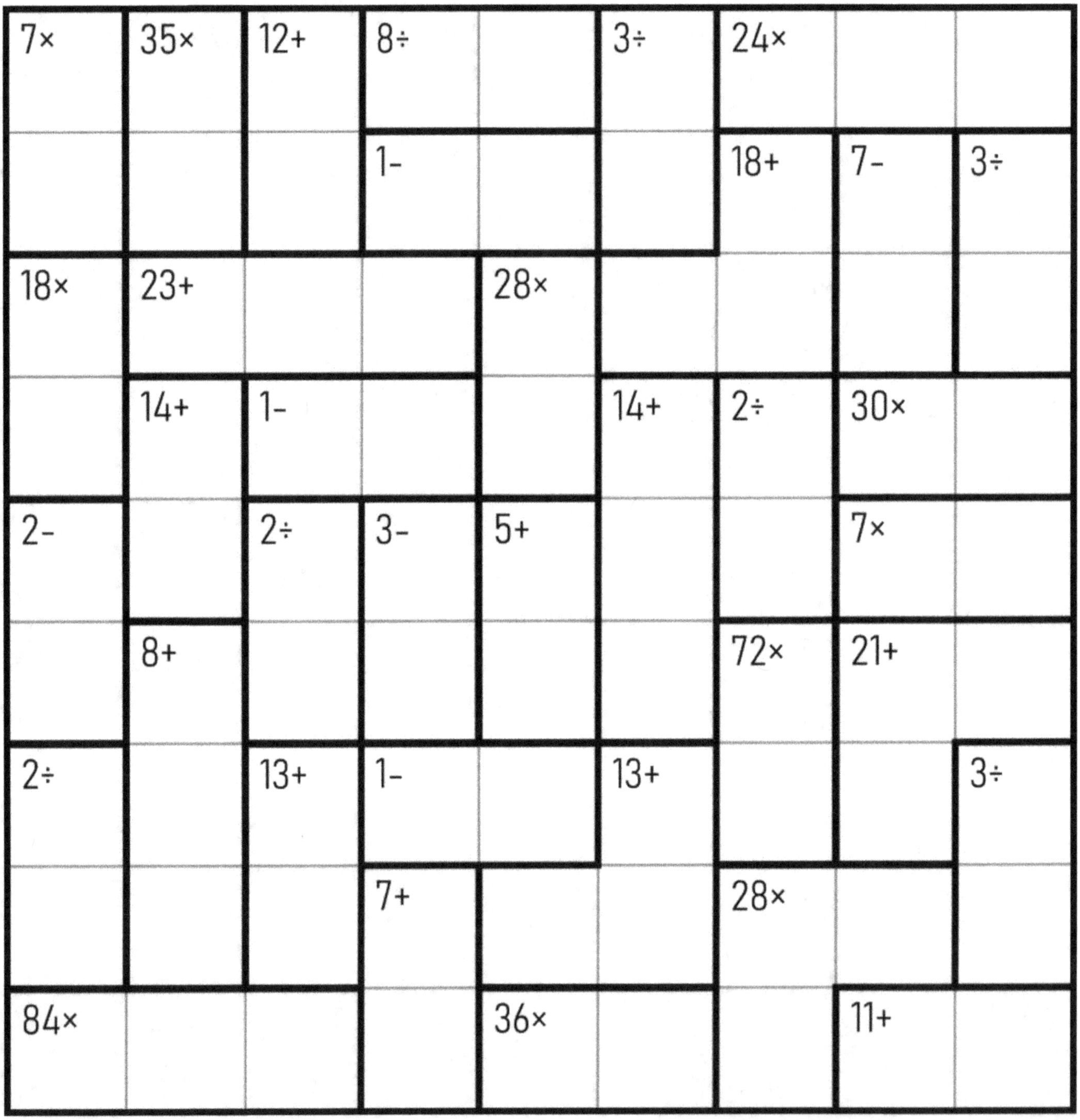

CALCUDOKU

PUZZLE 36 - HARD

12×		15+	4-	84×	13+		216×	8÷
10×								
3÷			2÷	1-		8-		105×
1-		13+		19+		10×	7÷	
48×			3÷					
2-				5÷		7+	32×	
2-		2÷	72×		15+		13+	7-
28×			5÷	13+				
	13+				9+		2÷	

CALCUDOKU

PUZZLE 37 - HARD

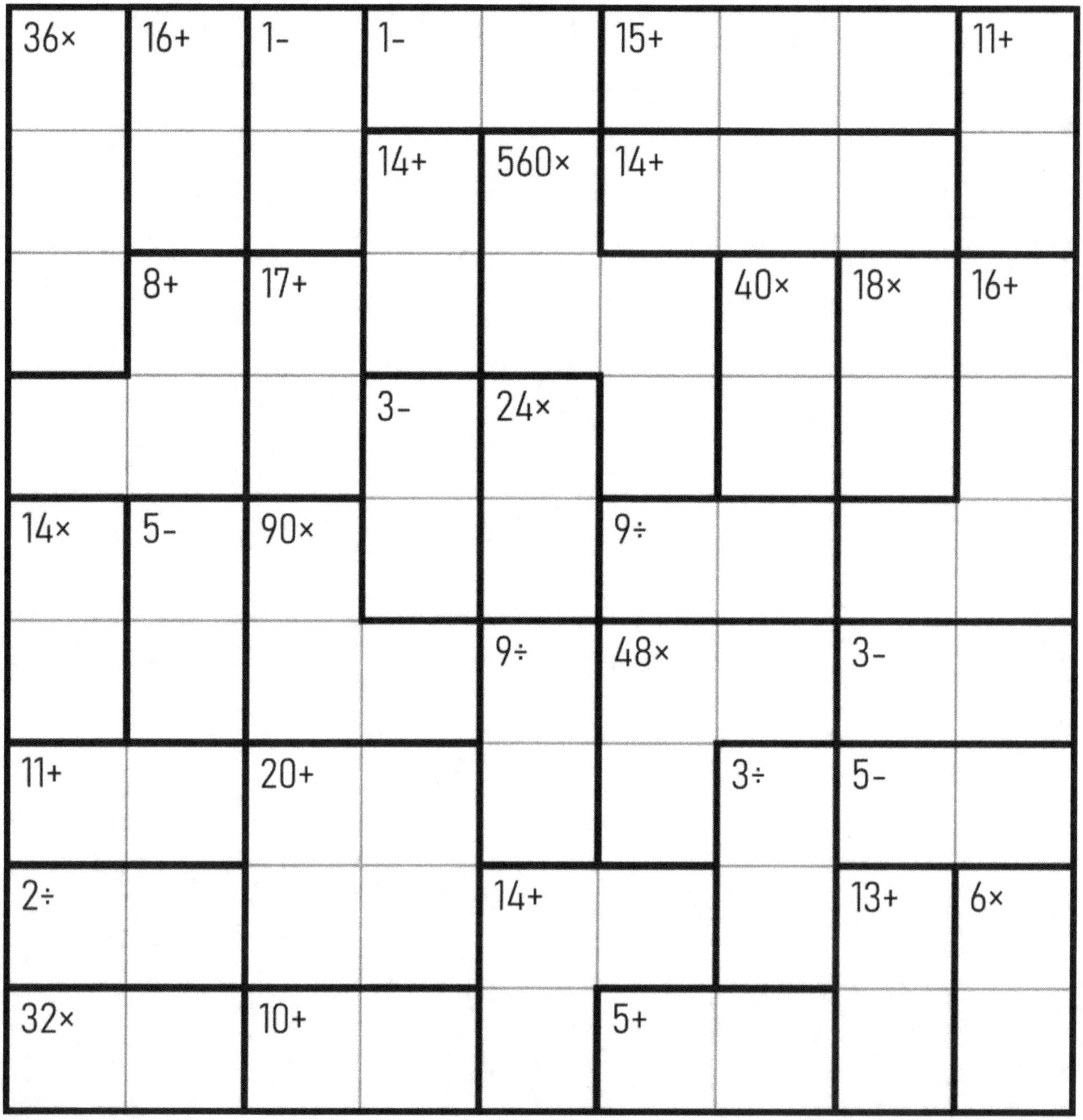

CALCUDOKU

PUZZLE 38 - HARD

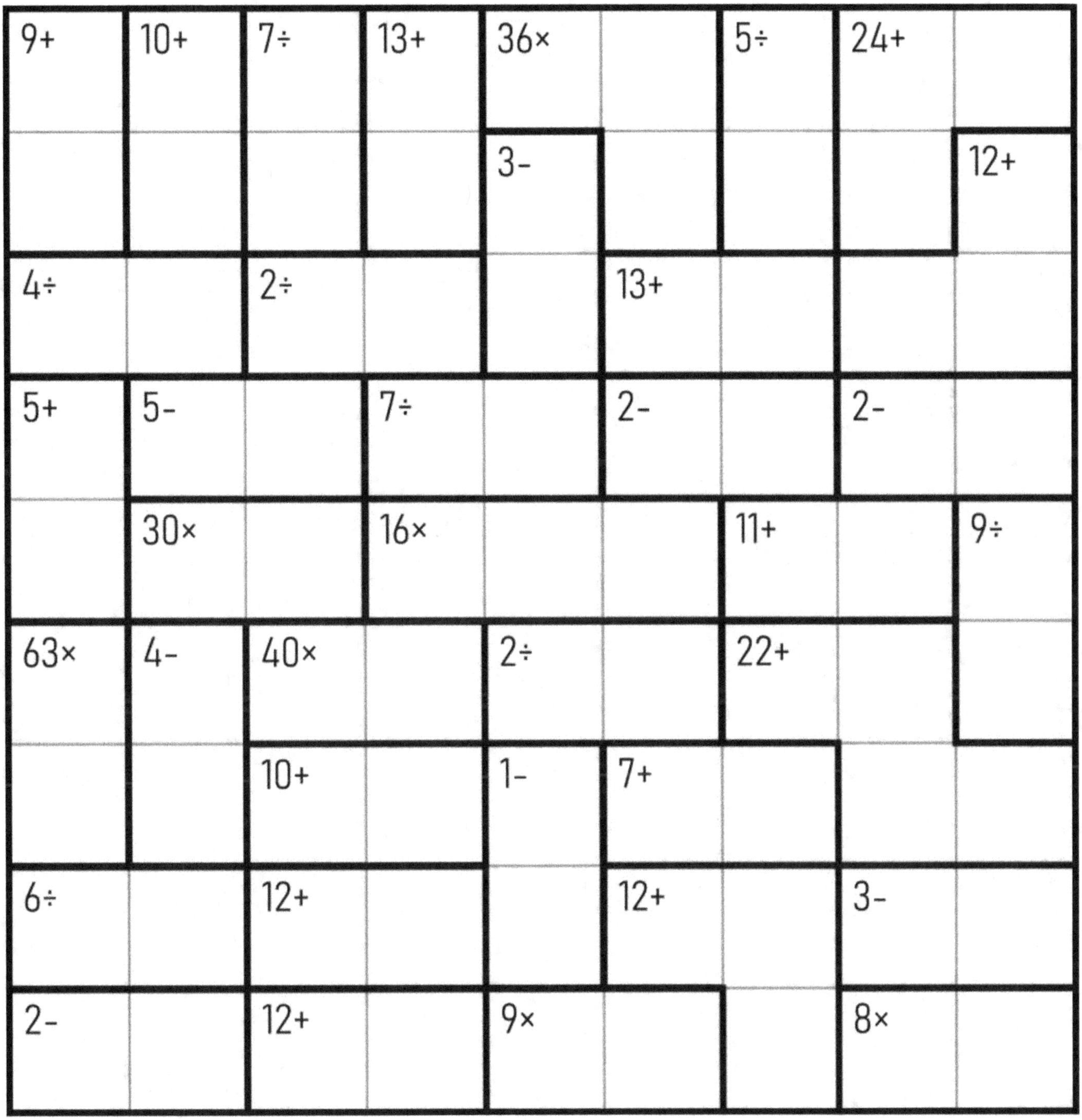

CALCUDOKU

PUZZLE 39 - HARD

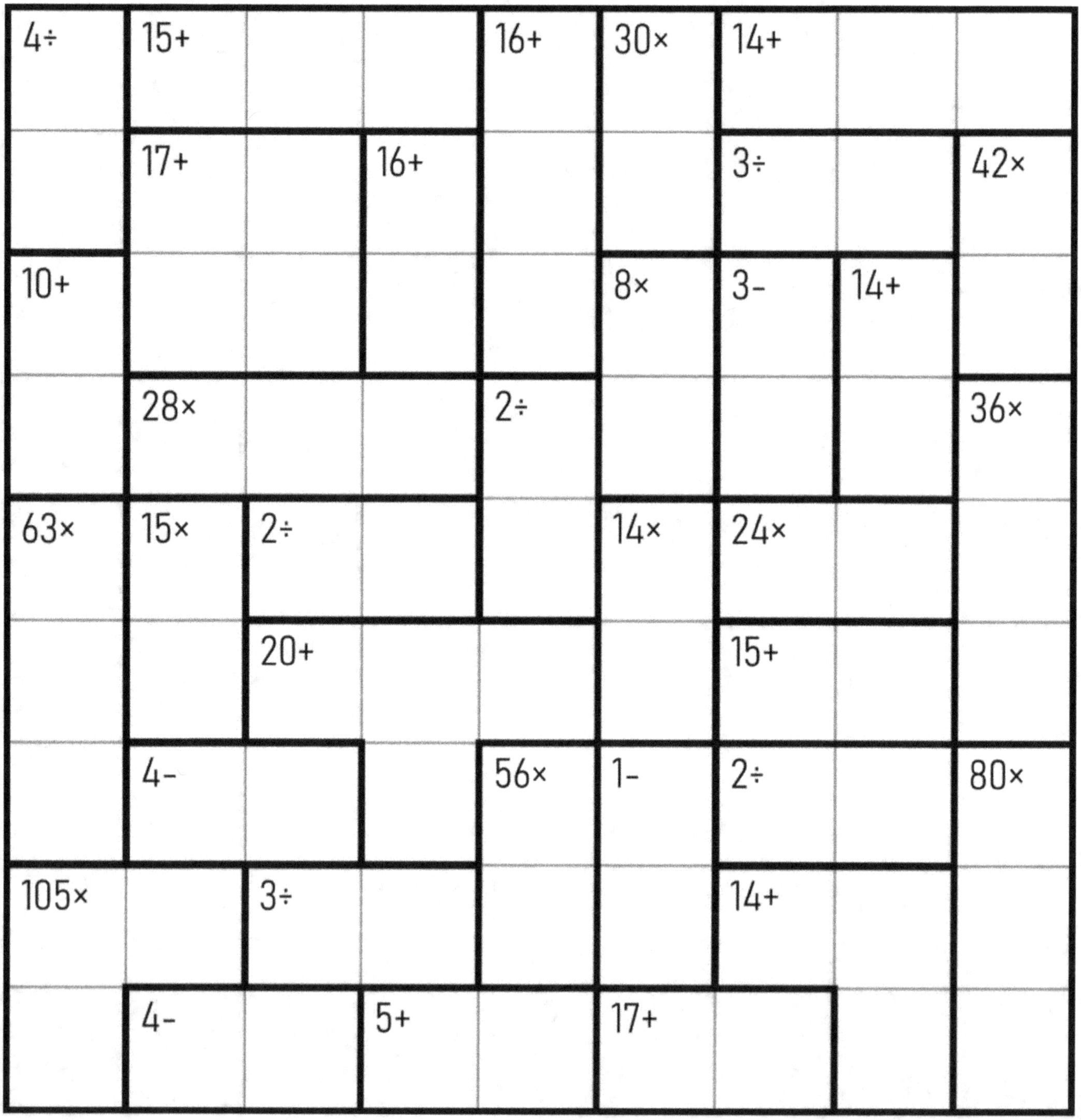

CALCUDOKU

PUZZLE 40 - HARD

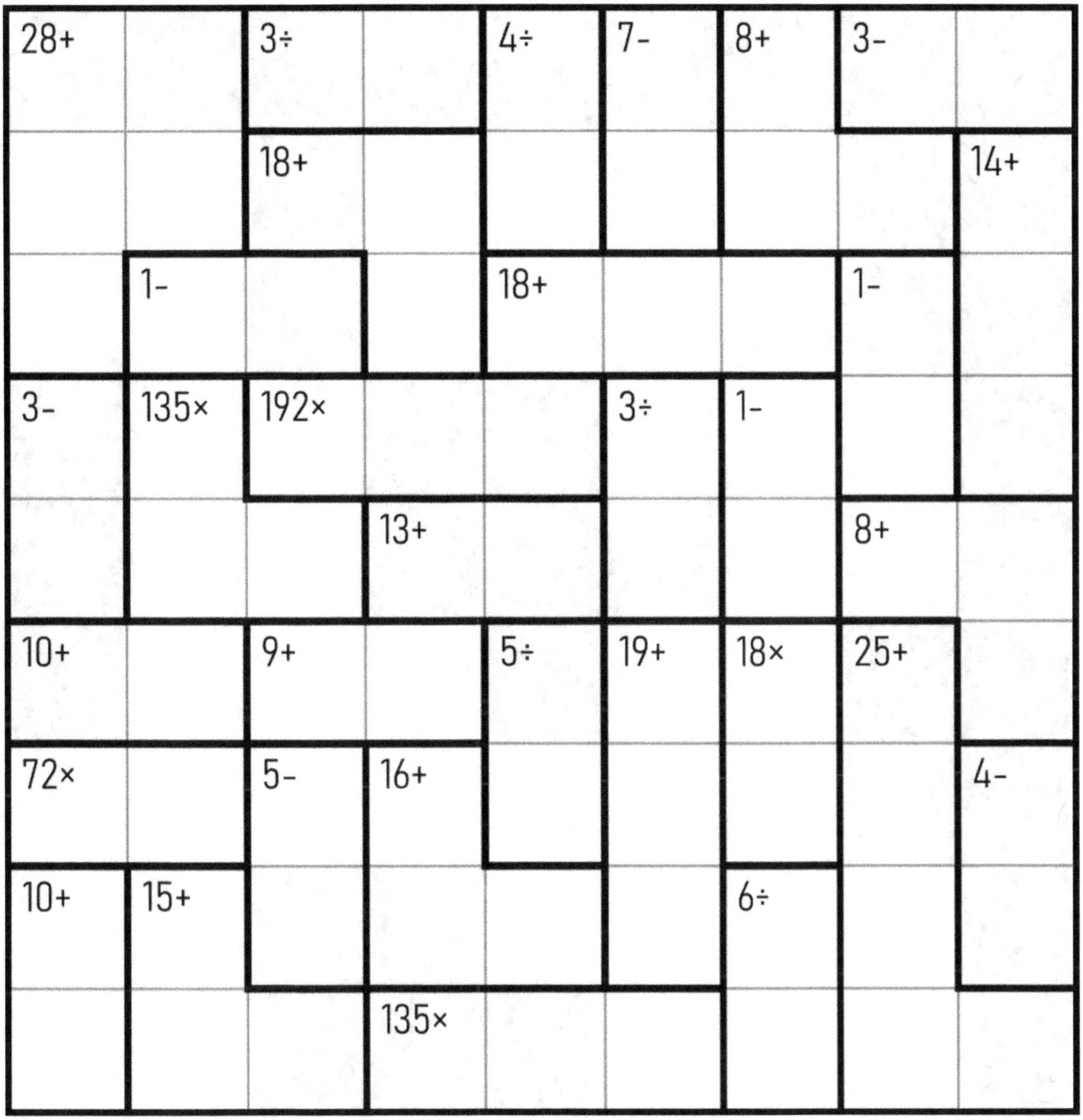

KAKURO

PUZZLE 1

KAKURO

PUZZLE 2

KAKURO

PUZZLE 3

■	14\	39\	■	24\	14\	■	30\	17\
\14			17\9			5\13		
\41								
■	17\18				19\6			9\
\4			\14			\16		
\12			\11			15\10		
\17			3\	5\12			16\	8\
■	\33							
■	\6				■	\16		

KAKURO

PUZZLE 4

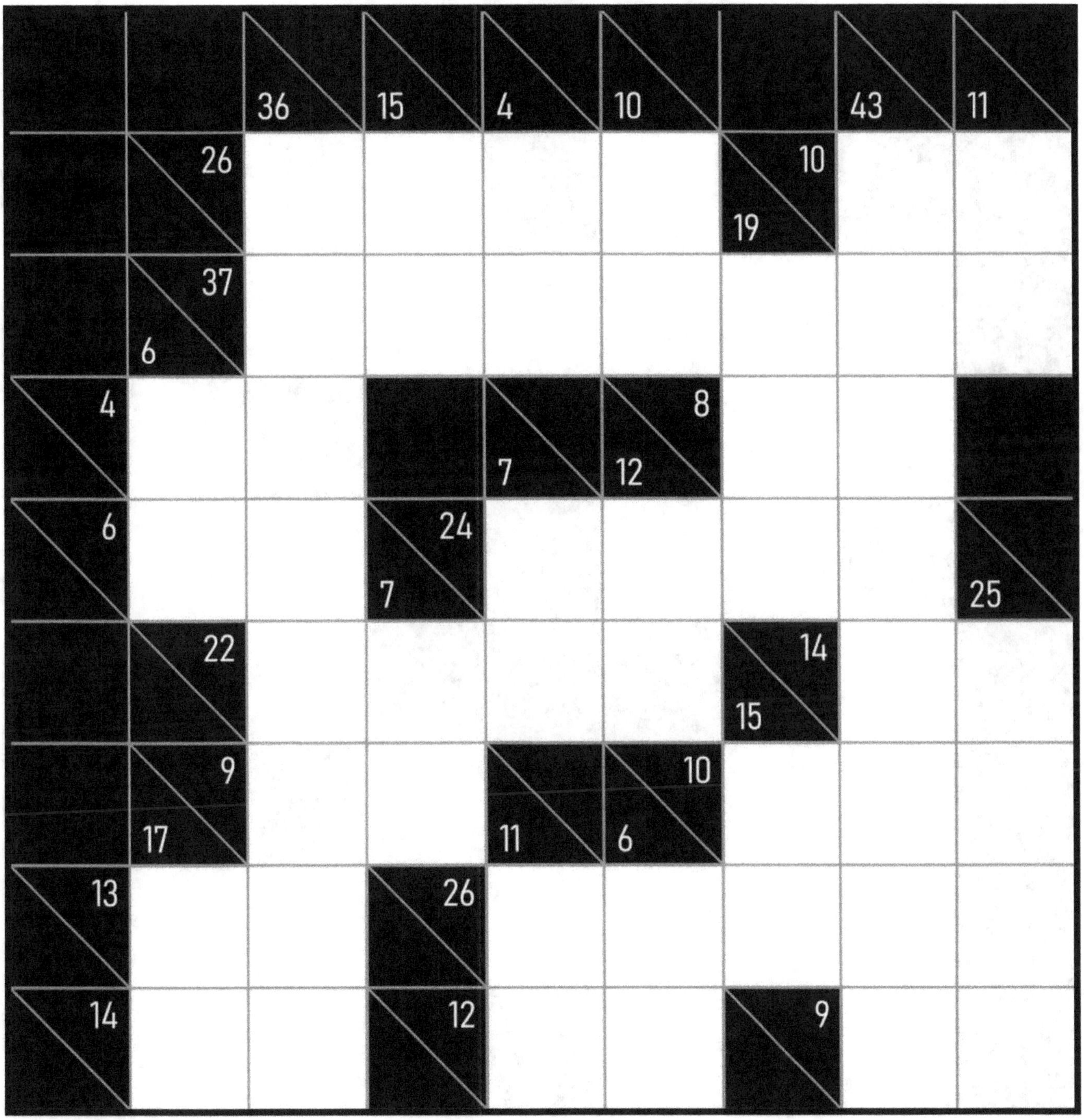

KAKURO

PUZZLE 5

■	■	42\	29\	■	13\	5\	■	■
■	6\13			17\10			38\	13\
\42								
\16					■	3\16		
■	22\17			■	\9			■
\16			■	16\	15\8			24\
\7			15\10			15\17		
\43								
\23				\26				

KAKURO

PUZZLE 6

KAKURO

PUZZLE 7

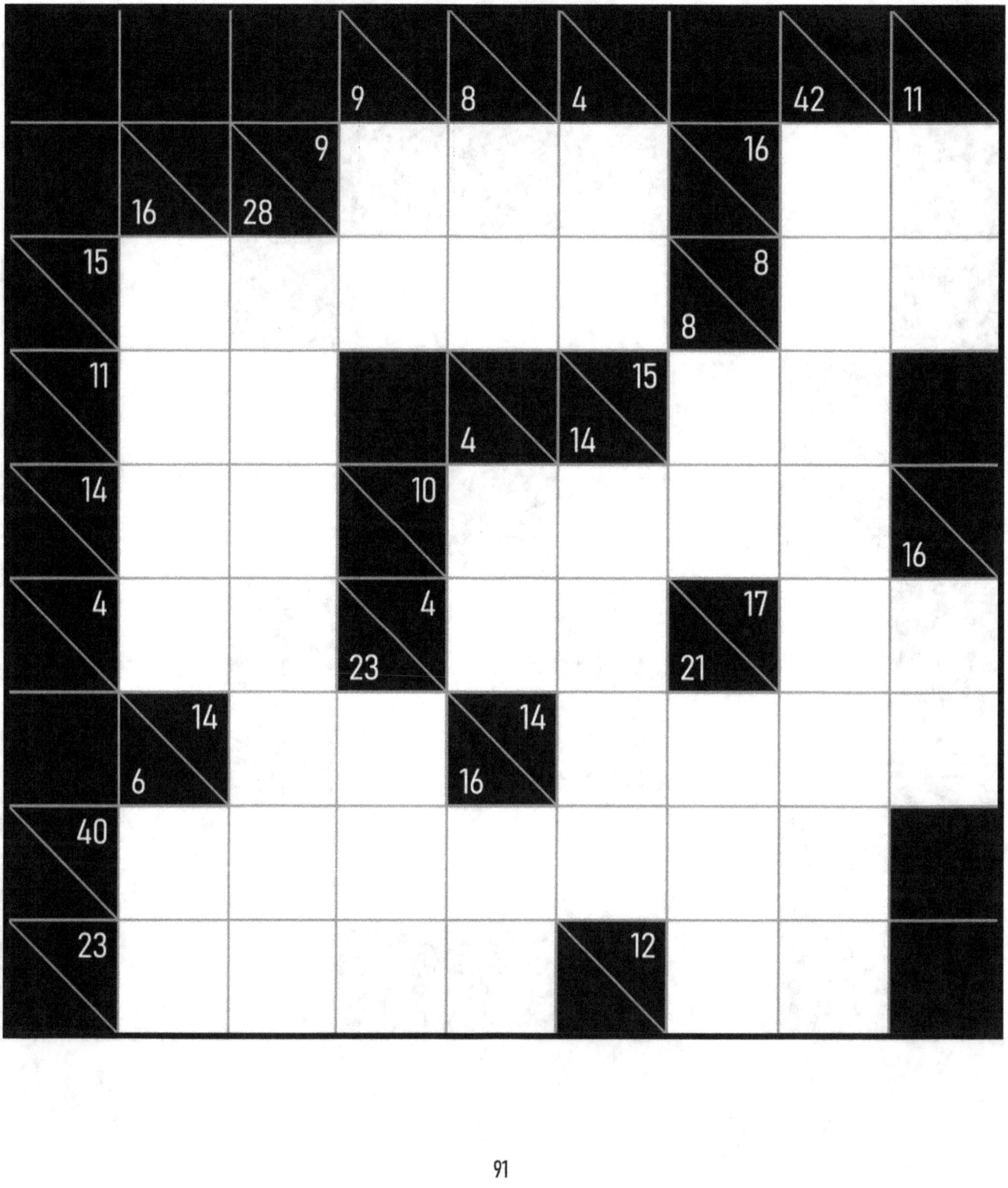

KAKURO

PUZZLE 8

KAKURO

PUZZLE 9

KAKURO

PUZZLE 10

KAKURO

PUZZLE 11

■	14\	37\	■	6\	14\	■	37\	7\
\6			\14			7\3		
\14			11\25					
■	14\16			29\	15\10			27\
\27						\11		
\7			7\15			\12		
■	14\20				17\	7\7		
\42								
\14			■	\20				■

KAKURO

PUZZLE 12

KAKURO

PUZZLE 13

KAKURO

PUZZLE 14

KAKURO

PUZZLE 15

■	20\	36\	■	17\	11\	■	4\	10\
\7			16\10			30\11		
\41								
\24				\5			15\	17\
\12			21\	■	\22			
■	\5			14\	16\24			
■	10\26						15\	5\
\42								
\15			■	■	\13			

KAKURO

PUZZLE 16

KAKURO

PUZZLE 17

KAKURO

PUZZLE 18

■	■	44\	13\	■	■	■	36\	17\
■	22\17			■	15\	17\14		
\22				14\20				
\12			24\18					17\
\32						22\11		
■	\23				\23			
■	15\12			16\	12\16			4\
\10			\25					
\12			\17			\4		

KAKURO

PUZZLE 19

KAKURO

PUZZLE 20

KAKURO

PUZZLE 21

KAKURO

PUZZLE 22

KAKURO

PUZZLE 23

KAKURO

PUZZLE 24

■	■	36\	15\	14\	■	19\	37\	17\
■	\21				12\23			
■	15\38							
\9			■	\6				16\
\17			■	19\	12\15			
\11			6\6			12\14		
\34								14\
■	\8				\23			
■	■	\8			\11			

KAKURO

PUZZLE 25

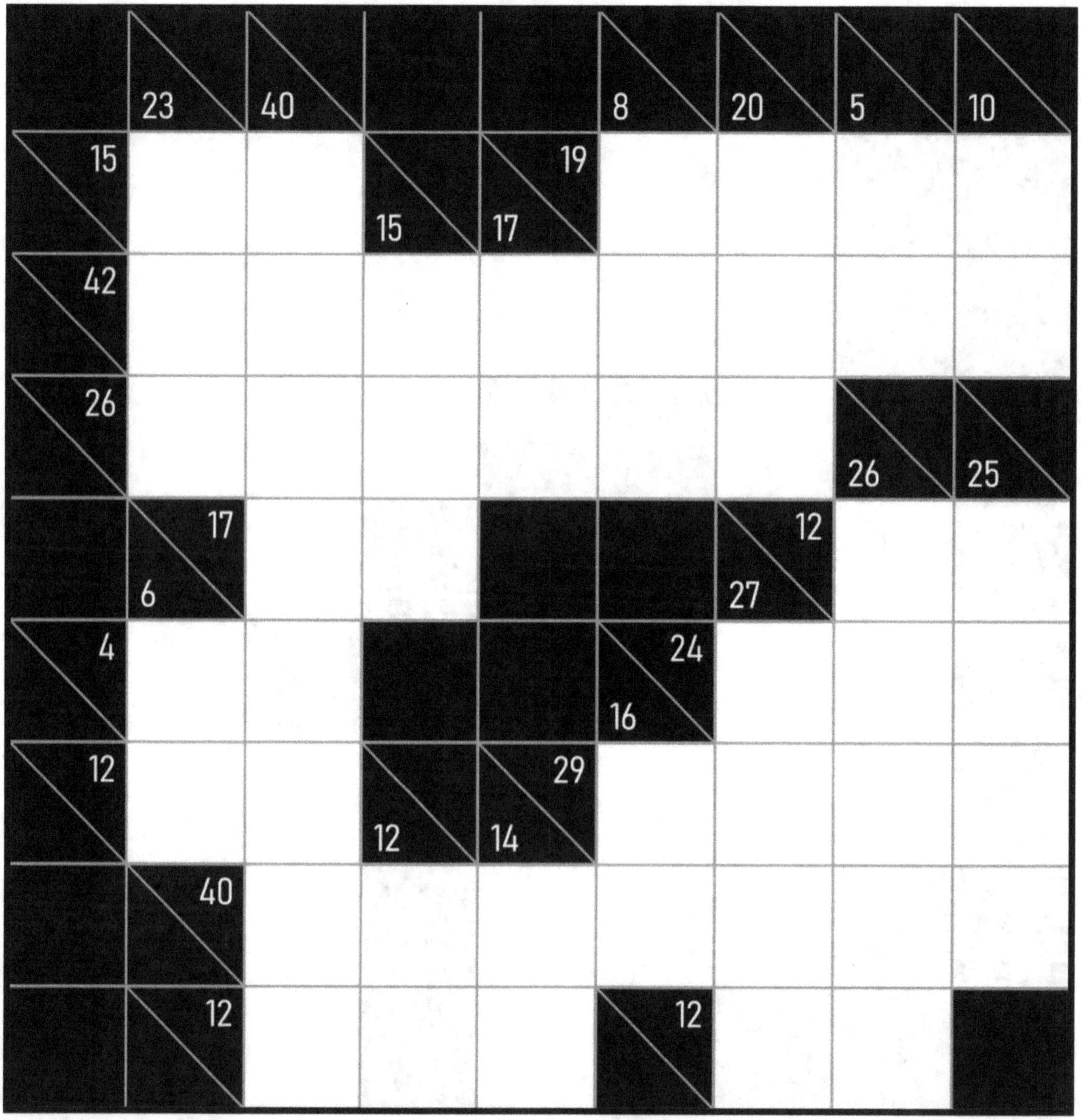

KAKURO

PUZZLE 26

KAKURO

PUZZLE 27

KAKURO

PUZZLE 28

■	8\	42\	■	17\	15\	■	42\	6\
\16			27\17			15\11		
\40								
■	\14			■	18\16			
■	11\10			\6				■
\7				14\15				17\
\13			15\12			8\11		
■	\38							
■	\16			■	\13			■

KAKURO

PUZZLE 29

KAKURO

PUZZLE 30

KAKURO

PUZZLE 31

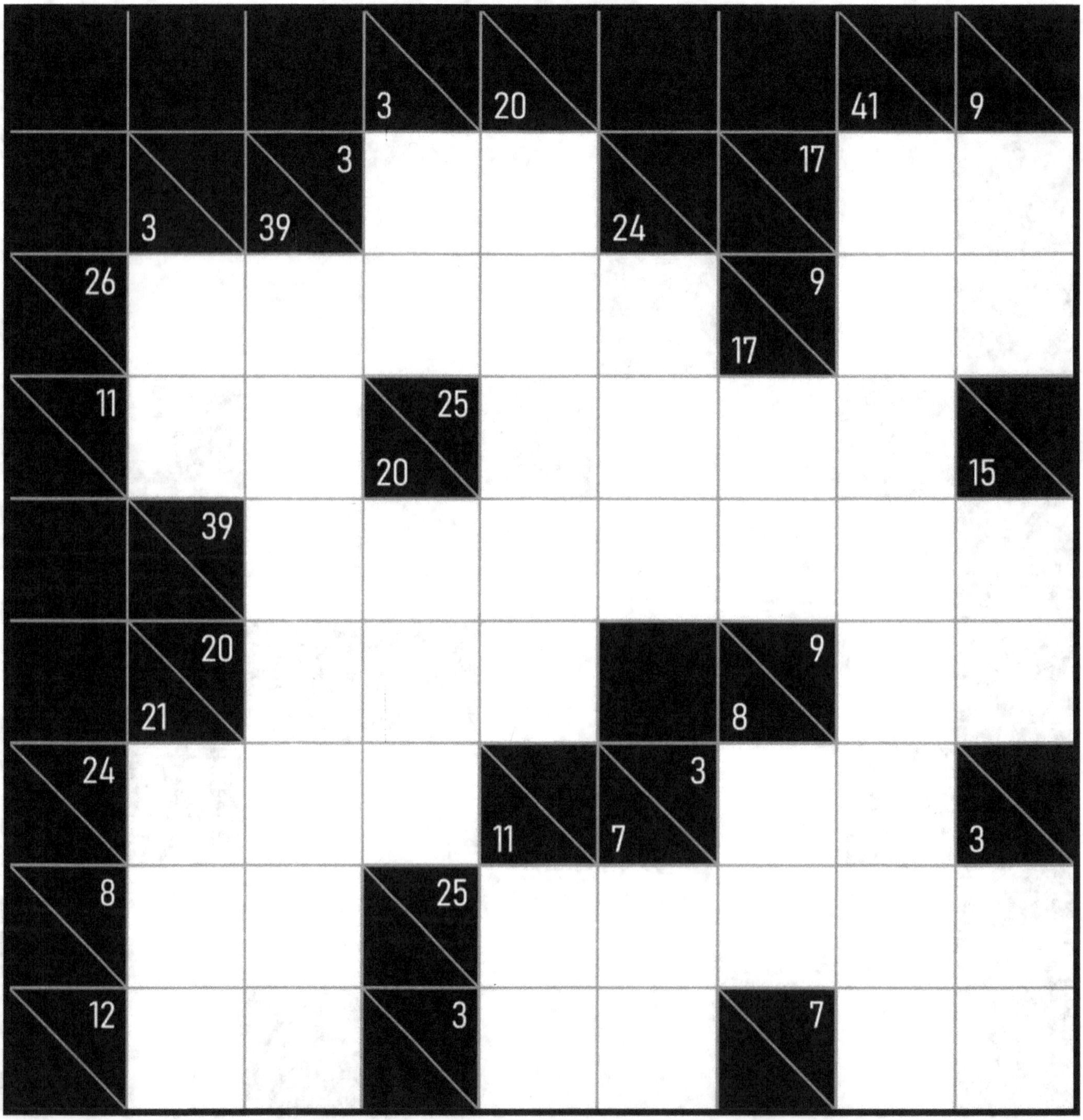

KAKURO

PUZZLE 32

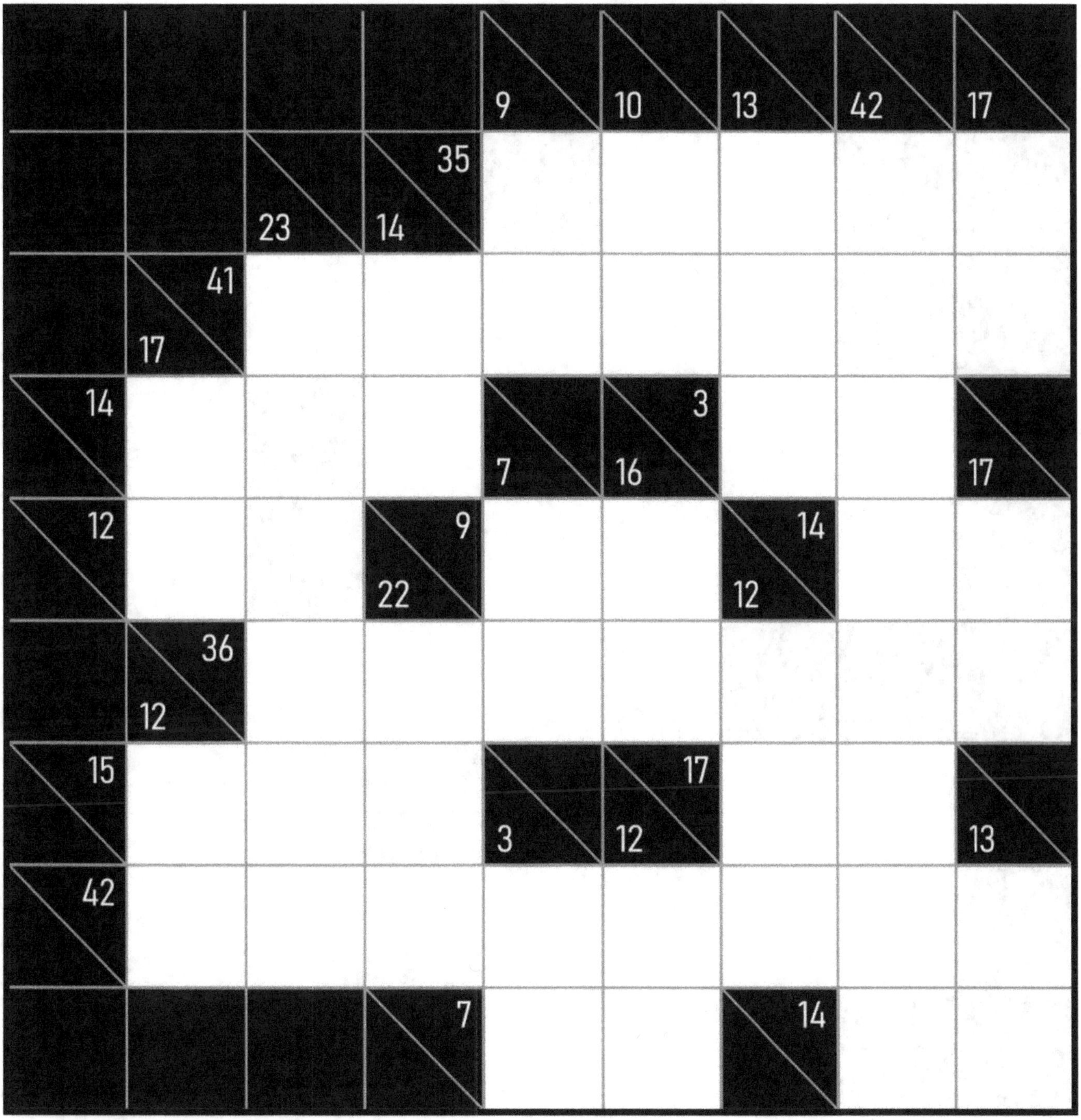

KAKURO

PUZZLE 33

■	■	30\	10\	■	■	7\	40\	■
■	\16			11\	26\3			19\
■	5\40							
\13			12\7			\16		
\16						12\4		
■	3\	18\27						■
\3			6\	5\	13\4			7\
\41								
■	\19					\15		

KAKURO

PUZZLE 34

KAKURO

PUZZLE 35

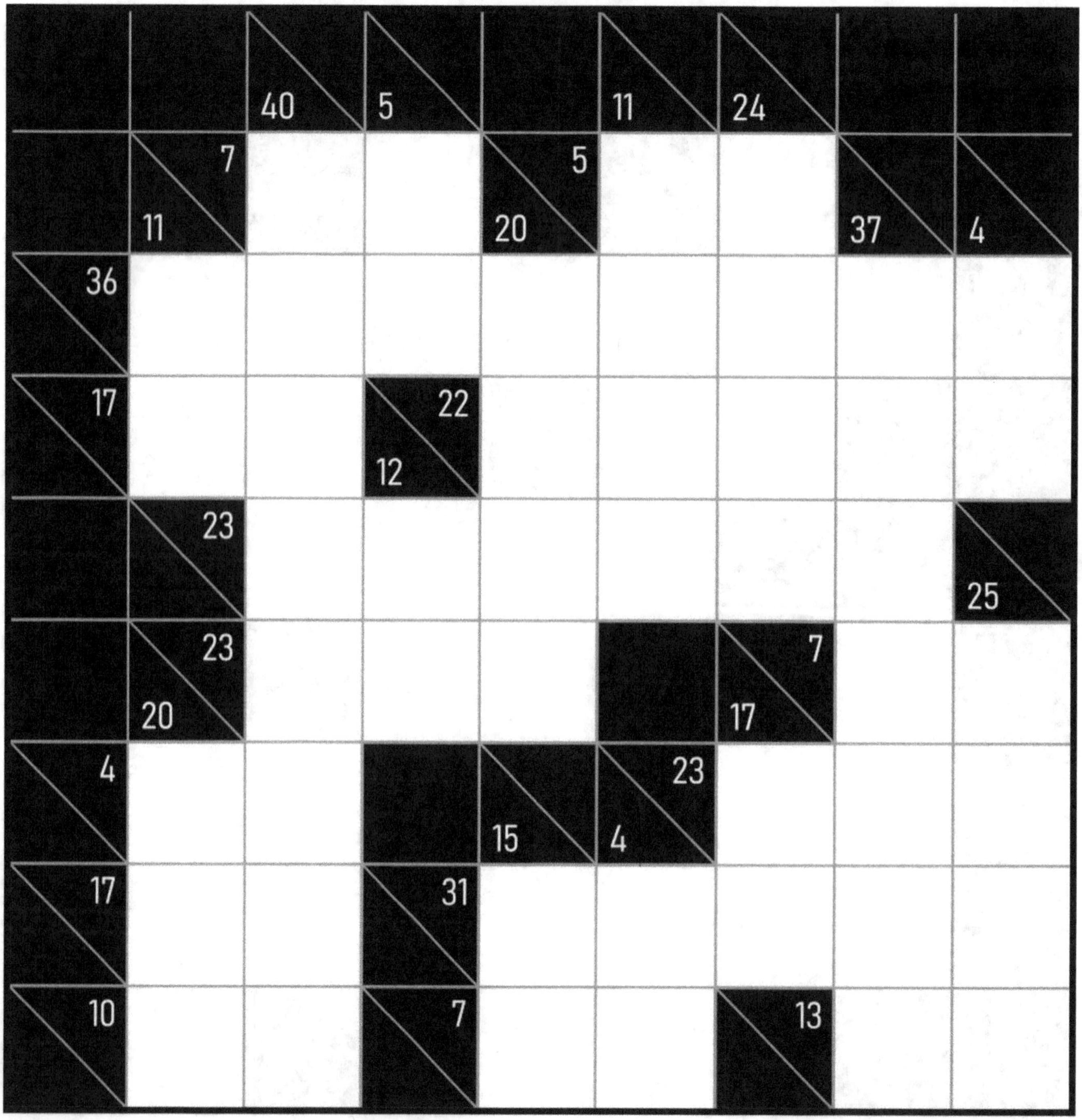

KAKURO

PUZZLE 36

KAKURO

PUZZLE 37

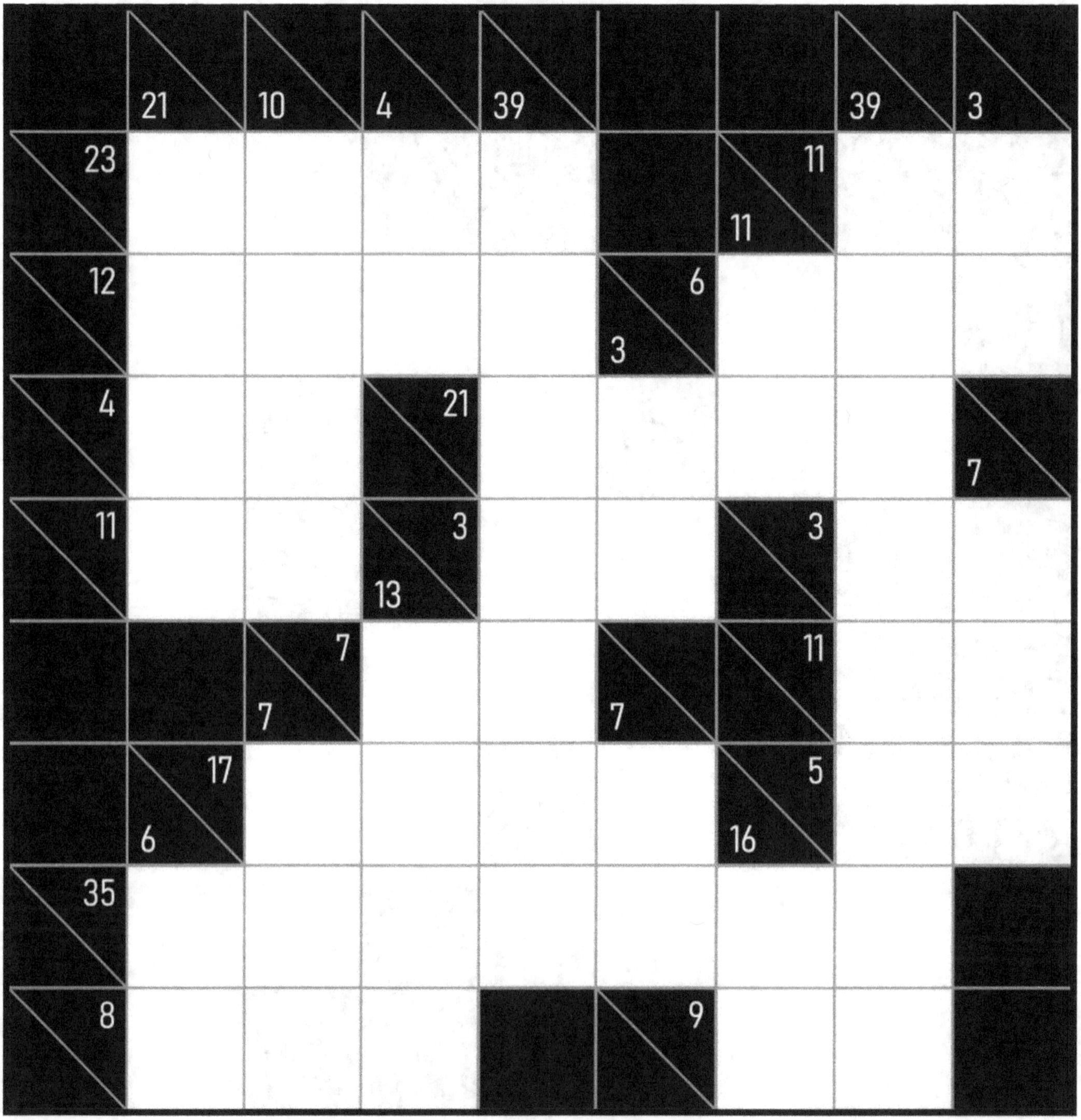

KAKURO

PUZZLE 38

KAKURO

PUZZLE 39

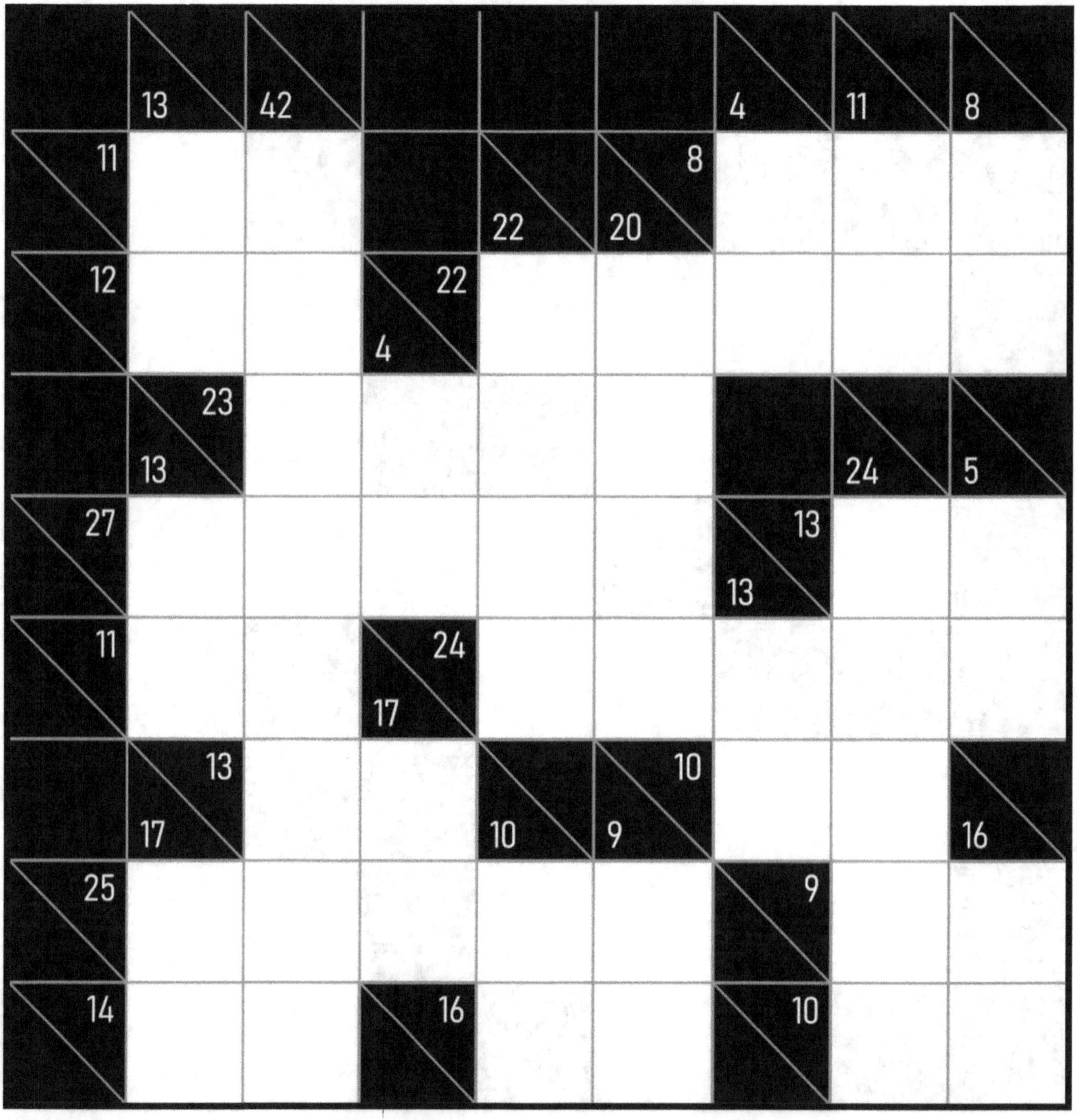

KAKURO

PUZZLE 40

KILLER SUDOKU - 1

4	6	3	5	7	9	1	8	2
8	2	9	1	4	6	7	5	3
1	7	5	8	2	3	4	6	9
5	4	2	9	3	8	6	1	7
9	1	8	6	5	7	3	2	4
6	3	7	4	1	2	5	9	8
7	8	1	3	9	5	2	4	6
3	5	6	2	8	4	9	7	1
2	9	4	7	6	1	8	3	5

KILLER SUDOKU - 2

8	4	9	7	1	5	6	3	2
7	3	5	6	9	2	8	1	4
1	6	2	8	3	4	7	9	5
5	9	7	2	8	3	1	4	6
3	2	1	5	4	6	9	8	7
4	8	6	1	7	9	2	5	3
9	7	3	4	2	1	5	6	8
6	1	8	3	5	7	4	2	9
2	5	4	9	6	8	3	7	1

KILLER SUDOKU - 3

4	7	6	5	9	2	3	8	1
8	2	5	3	6	1	7	9	4
1	9	3	8	7	4	6	5	2
7	8	9	4	2	5	1	6	3
5	4	1	6	3	8	9	2	7
3	6	2	9	1	7	5	4	8
9	5	7	2	8	3	4	1	6
6	3	8	1	4	9	2	7	5
2	1	4	7	5	6	8	3	9

KILLER SUDOKU - 4

8	9	6	5	3	2	4	1	7
7	2	1	4	9	6	8	3	5
3	4	5	1	7	8	2	6	9
5	3	9	8	2	4	1	7	6
1	8	4	9	6	7	5	2	3
2	6	7	3	5	1	9	8	4
9	1	3	6	8	5	7	4	2
4	5	2	7	1	3	6	9	8
6	7	8	2	4	9	3	5	1

KILLER SUDOKU - 5

3	7	9	5	1	2	4	8	6
8	2	5	4	9	6	3	7	1
1	6	4	7	8	3	5	2	9
7	9	3	8	2	5	6	1	4
5	4	8	1	6	9	2	3	7
2	1	6	3	7	4	8	9	5
9	5	2	6	3	1	7	4	8
4	3	7	9	5	8	1	6	2
6	8	1	2	4	7	9	5	3

KILLER SUDOKU - 6

8	6	5	2	9	4	1	3	7
7	3	4	1	5	6	9	2	8
1	9	2	8	3	7	5	6	4
5	4	3	6	7	9	2	8	1
6	1	8	3	2	5	4	7	9
2	7	9	4	1	8	6	5	3
4	5	1	7	6	3	8	9	2
9	2	7	5	8	1	3	4	6
3	8	6	9	4	2	7	1	5

KILLER SUDOKU - 7

8	2	9	4	1	5	3	6	7
1	5	4	3	7	6	8	2	9
7	3	6	8	9	2	1	4	5
4	9	3	2	8	1	7	5	6
5	8	7	6	4	9	2	1	3
6	1	2	5	3	7	4	9	8
9	4	5	7	2	8	6	3	1
3	6	8	1	5	4	9	7	2
2	7	1	9	6	3	5	8	4

KILLER SUDOKU - 8

5	8	7	3	1	6	9	2	4
2	6	4	7	9	5	8	3	1
9	3	1	2	8	4	7	6	5
7	1	5	9	3	8	6	4	2
3	9	2	4	6	1	5	8	7
8	4	6	5	7	2	3	1	9
1	5	3	6	4	7	2	9	8
4	2	9	8	5	3	1	7	6
6	7	8	1	2	9	4	5	3

KILLER SUDOKU - 9

1	8	5	6	4	3	2	7	9
3	4	9	1	2	7	6	5	8
7	2	6	5	9	8	1	4	3
6	1	4	7	5	9	3	8	2
5	7	8	2	3	1	4	9	6
2	9	3	4	8	6	5	1	7
4	6	2	8	7	5	9	3	1
9	5	7	3	1	2	8	6	4
8	3	1	9	6	4	7	2	5

KILLER SUDOKU - 10

7	9	2	8	3	1	4	6	5
8	1	4	6	5	9	2	7	3
3	5	6	2	7	4	8	9	1
2	8	7	1	9	5	3	4	6
1	3	9	7	4	6	5	8	2
6	4	5	3	8	2	9	1	7
4	7	8	5	6	3	1	2	9
9	2	3	4	1	7	6	5	8
5	6	1	9	2	8	7	3	4

KILLER SUDOKU - 11

7	4	8	6	1	3	9	5	2
9	6	3	2	5	8	7	1	4
5	1	2	9	7	4	8	6	3
6	7	9	4	8	2	1	3	5
3	2	5	7	6	1	4	9	8
1	8	4	3	9	5	6	2	7
8	9	7	5	3	6	2	4	1
4	5	6	1	2	7	3	8	9
2	3	1	8	4	9	5	7	6

KILLER SUDOKU - 12

5	8	7	2	6	9	1	3	4
3	6	1	5	7	4	9	8	2
2	4	9	3	8	1	7	6	5
9	2	6	1	4	7	3	5	8
1	5	3	6	2	8	4	9	7
8	7	4	9	5	3	2	1	6
7	9	2	8	3	5	6	4	1
6	1	5	4	9	2	8	7	3
4	3	8	7	1	6	5	2	9

KILLER SUDOKU - 13

9	5	3	1	4	6	7	2	8
4	7	2	9	8	5	6	3	1
6	1	8	3	7	2	5	4	9
1	3	9	4	6	7	8	5	2
5	4	6	8	2	3	9	1	7
8	2	7	5	9	1	4	6	3
7	9	5	2	1	4	3	8	6
3	6	1	7	5	8	2	9	4
2	8	4	6	3	9	1	7	5

KILLER SUDOKU - 14

5	1	9	8	4	7	2	3	6
3	4	2	9	6	5	7	1	8
6	8	7	1	2	3	4	5	9
1	5	8	6	9	2	3	7	4
2	7	6	3	1	4	9	8	5
4	9	3	5	7	8	1	6	2
7	3	5	2	8	9	6	4	1
8	2	1	4	3	6	5	9	7
9	6	4	7	5	1	8	2	3

KILLER SUDOKU - 15

8	4	3	6	1	2	9	5	7
7	1	2	8	9	5	6	3	4
9	6	5	4	7	3	2	8	1
6	8	1	3	5	9	4	7	2
2	9	7	1	4	8	5	6	3
5	3	4	2	6	7	1	9	8
3	2	6	9	8	4	7	1	5
1	5	8	7	2	6	3	4	9
4	7	9	5	3	1	8	2	6

KILLER SUDOKU - 16

1	3	6	2	7	8	9	5	4
2	9	8	5	1	4	3	6	7
7	5	4	9	3	6	1	2	8
9	8	7	6	2	1	5	4	3
3	6	2	4	8	5	7	1	9
5	4	1	7	9	3	2	8	6
8	7	9	1	6	2	4	3	5
6	1	5	3	4	9	8	7	2
4	2	3	8	5	7	6	9	1

KILLER SUDOKU - 17

3	8	2	9	6	5	4	1	7
9	6	4	8	1	7	3	2	5
1	7	5	3	2	4	8	9	6
5	3	6	4	8	2	9	7	1
8	9	1	7	3	6	2	5	4
4	2	7	5	9	1	6	3	8
2	5	3	1	4	8	7	6	9
6	1	8	2	7	9	5	4	3
7	4	9	6	5	3	1	8	2

KILLER SUDOKU - 18

6	2	1	8	5	9	4	3	7
5	8	3	4	2	7	9	1	6
9	4	7	6	3	1	2	8	5
3	5	6	1	4	2	7	9	8
8	1	9	3	7	5	6	4	2
4	7	2	9	6	8	3	5	1
1	6	8	7	9	4	5	2	3
2	3	4	5	8	6	1	7	9
7	9	5	2	1	3	8	6	4

KILLER SUDOKU - 19

5	7	9	3	6	1	4	8	2
6	1	8	4	2	7	9	3	5
4	3	2	8	5	9	6	1	7
3	8	4	6	1	5	2	7	9
7	5	1	9	8	2	3	6	4
9	2	6	7	4	3	1	5	8
1	9	3	5	7	4	8	2	6
8	4	7	2	3	6	5	9	1
2	6	5	1	9	8	7	4	3

KILLER SUDOKU - 20

5	6	4	9	1	7	3	2	8
2	7	8	5	3	6	1	9	4
9	1	3	2	8	4	7	6	5
7	3	5	4	9	8	6	1	2
6	8	9	7	2	1	4	5	3
1	4	2	6	5	3	8	7	9
3	2	6	8	7	5	9	4	1
4	5	1	3	6	9	2	8	7
8	9	7	1	4	2	5	3	6

KILLER SUDOKU - 21

6	8	5	2	9	3	7	4	1
4	1	9	7	6	8	2	5	3
2	7	3	5	1	4	8	9	6
8	2	1	9	4	6	5	3	7
7	9	6	8	3	5	1	2	4
5	3	4	1	2	7	9	6	8
9	6	8	4	7	2	3	1	5
1	4	7	3	5	9	6	8	2
3	5	2	6	8	1	4	7	9

KILLER SUDOKU - 22

9	6	4	1	3	7	5	8	2
5	7	2	6	9	8	4	3	1
1	8	3	4	5	2	7	9	6
6	2	1	8	7	4	9	5	3
7	4	5	9	2	3	6	1	8
8	3	9	5	1	6	2	4	7
2	1	6	3	4	5	8	7	9
4	9	7	2	8	1	3	6	5
3	5	8	7	6	9	1	2	4

KILLER SUDOKU - 23

8	1	7	2	4	5	3	6	9
2	4	3	9	7	6	1	5	8
9	6	5	8	1	3	7	2	4
4	8	1	3	6	2	9	7	5
3	2	6	7	5	9	8	4	1
7	5	9	4	8	1	2	3	6
1	3	8	5	2	4	6	9	7
5	7	2	6	9	8	4	1	3
6	9	4	1	3	7	5	8	2

KILLER SUDOKU - 24

6	9	5	4	2	3	8	1	7
3	7	2	8	1	6	4	9	5
4	1	8	9	7	5	3	6	2
1	4	3	5	9	8	2	7	6
2	6	7	1	3	4	9	5	8
8	5	9	2	6	7	1	4	3
7	2	1	3	5	9	6	8	4
5	3	4	6	8	1	7	2	9
9	8	6	7	4	2	5	3	1

KILLER SUDOKU - 25

4	5	9	8	3	2	7	6	1
1	2	7	9	5	6	8	4	3
3	6	8	4	7	1	2	5	9
7	4	2	5	1	3	9	8	6
5	1	6	2	8	9	3	7	4
8	9	3	7	6	4	5	1	2
9	8	1	3	4	7	6	2	5
2	7	4	6	9	5	1	3	8
6	3	5	1	2	8	4	9	7

KILLER SUDOKU - 26

3	7	6	1	9	2	5	4	8
4	2	1	3	5	8	6	7	9
5	8	9	7	6	4	2	1	3
7	5	3	6	2	9	1	8	4
1	4	2	5	8	7	9	3	6
6	9	8	4	1	3	7	5	2
9	1	5	8	4	6	3	2	7
8	6	7	2	3	5	4	9	1
2	3	4	9	7	1	8	6	5

KILLER SUDOKU - 27

8	7	3	2	6	4	5	9	1
2	1	6	5	3	9	7	8	4
9	5	4	7	1	8	2	6	3
4	3	2	9	5	7	6	1	8
5	6	1	3	8	2	9	4	7
7	8	9	6	4	1	3	5	2
1	2	5	8	7	6	4	3	9
3	4	7	1	9	5	8	2	6
6	9	8	4	2	3	1	7	5

KILLER SUDOKU - 28

9	4	6	7	2	8	5	3	1
7	1	8	5	6	3	9	2	4
2	5	3	9	1	4	6	8	7
4	3	9	2	8	1	7	6	5
1	6	2	3	7	5	4	9	8
5	8	7	4	9	6	2	1	3
8	7	1	6	4	9	3	5	2
3	9	4	8	5	2	1	7	6
6	2	5	1	3	7	8	4	9

KILLER SUDOKU - 29

2	7	4	5	8	6	1	9	3
3	6	8	1	7	9	2	5	4
9	1	5	2	3	4	7	6	8
5	8	7	3	9	2	4	1	6
1	3	2	4	6	5	8	7	9
6	4	9	8	1	7	5	3	2
7	2	6	9	4	1	3	8	5
8	5	1	6	2	3	9	4	7
4	9	3	7	5	8	6	2	1

KILLER SUDOKU - 30

7	9	3	8	1	4	6	2	5
1	6	2	7	5	9	4	8	3
5	4	8	2	3	6	9	1	7
8	7	4	9	2	3	1	5	6
2	3	6	1	8	5	7	9	4
9	1	5	4	6	7	2	3	8
3	8	9	6	4	1	5	7	2
4	5	1	3	7	2	8	6	9
6	2	7	5	9	8	3	4	1

KILLER SUDOKU - 31

4	1	2	8	9	5	6	3	7
9	5	6	2	7	3	1	4	8
3	8	7	6	1	4	9	2	5
8	9	5	3	4	1	2	7	6
6	3	1	9	2	7	8	5	4
2	7	4	5	8	6	3	1	9
5	2	3	7	6	9	4	8	1
1	6	8	4	5	2	7	9	3
7	4	9	1	3	8	5	6	2

KILLER SUDOKU - 32

2	7	1	9	5	3	6	4	8
9	6	5	4	8	2	7	3	1
3	4	8	7	6	1	9	2	5
5	1	2	6	3	4	8	9	7
7	8	4	2	9	5	1	6	3
6	3	9	1	7	8	2	5	4
1	9	7	3	4	6	5	8	2
4	5	6	8	2	7	3	1	9
8	2	3	5	1	9	4	7	6

KILLER SUDOKU - 33

3	4	6	9	2	7	1	5	8
9	8	5	1	4	3	7	2	6
2	1	7	6	5	8	3	9	4
1	9	8	2	3	4	6	7	5
7	2	4	5	6	9	8	3	1
6	5	3	8	7	1	9	4	2
5	7	9	4	1	6	2	8	3
8	6	2	3	9	5	4	1	7
4	3	1	7	8	2	5	6	9

KILLER SUDOKU - 34

6	7	4	8	9	5	2	1	3
2	3	5	6	4	1	8	9	7
9	1	8	7	2	3	6	4	5
5	6	2	4	1	7	3	8	9
8	4	1	2	3	9	5	7	6
7	9	3	5	6	8	4	2	1
1	5	7	3	8	2	9	6	4
3	8	6	9	7	4	1	5	2
4	2	9	1	5	6	7	3	8

KILLER SUDOKU - 35

1	2	5	8	3	9	6	7	4
9	8	4	6	7	2	3	1	5
3	6	7	5	4	1	8	2	9
5	4	1	7	8	3	2	9	6
8	7	9	2	6	5	4	3	1
2	3	6	1	9	4	5	8	7
4	5	8	3	1	7	9	6	2
6	1	2	9	5	8	7	4	3
7	9	3	4	2	6	1	5	8

KILLER SUDOKU - 36

5	8	7	9	4	1	6	2	3
1	9	2	5	6	3	7	8	4
3	6	4	7	2	8	9	1	5
7	4	5	3	8	6	2	9	1
8	1	6	4	9	2	5	3	7
9	2	3	1	7	5	8	4	6
6	7	9	8	3	4	1	5	2
4	5	8	2	1	7	3	6	9
2	3	1	6	5	9	4	7	8

KILLER SUDOKU - 37

8	6	3	2	4	7	1	9	5
4	7	1	8	5	9	6	2	3
5	2	9	1	3	6	4	7	8
2	9	4	6	1	3	8	5	7
1	3	7	4	8	5	9	6	2
6	5	8	7	9	2	3	1	4
7	1	6	3	2	4	5	8	9
9	4	2	5	6	8	7	3	1
3	8	5	9	7	1	2	4	6

KILLER SUDOKU - 38

9	2	1	5	6	3	7	4	8
5	6	7	1	4	8	3	9	2
8	3	4	9	2	7	5	1	6
1	9	2	6	3	5	4	8	7
4	5	6	7	8	2	9	3	1
7	8	3	4	9	1	2	6	5
2	4	9	8	5	6	1	7	3
6	1	5	3	7	9	8	2	4
3	7	8	2	1	4	6	5	9

KILLER SUDOKU - 39

5	2	3	6	1	7	9	4	8
9	7	4	2	5	8	6	1	3
1	8	6	9	4	3	7	2	5
6	4	5	1	3	9	2	8	7
2	1	7	4	8	5	3	9	6
3	9	8	7	2	6	4	5	1
7	3	2	8	9	1	5	6	4
4	6	1	5	7	2	8	3	9
8	5	9	3	6	4	1	7	2

KILLER SUDOKU - 40

6	2	8	3	7	5	9	4	1
1	4	7	2	6	9	8	3	5
5	9	3	8	4	1	7	6	2
2	1	6	9	8	4	3	5	7
9	7	4	6	5	3	1	2	8
8	3	5	7	1	2	4	9	6
4	8	2	5	3	7	6	1	9
3	6	9	1	2	8	5	7	4
7	5	1	4	9	6	2	8	3

CALCUDOKU -1

3	9	6	8	7	2	1	5	4
7	5	9	3	6	1	8	4	2
2	3	8	9	4	5	7	1	6
4	2	3	1	8	6	5	7	9
5	6	1	2	9	4	3	8	7
6	1	2	7	5	8	4	9	3
9	8	5	4	3	7	2	6	1
1	4	7	5	2	9	6	3	8
8	7	4	6	1	3	9	2	5

CALCUDOKU -2

1	2	4	5	6	9	7	8	3
8	7	5	1	3	2	4	9	6
7	3	2	8	5	6	9	1	4
4	5	7	6	9	1	3	2	8
6	4	9	2	7	8	5	3	1
2	1	8	3	4	7	6	5	9
3	9	1	7	2	4	8	6	5
5	8	6	9	1	3	2	4	7
9	6	3	4	8	5	1	7	2

CALCUDOKU -3

5	2	4	6	1	8	3	7	9
4	7	3	1	8	5	6	9	2
3	4	9	2	5	1	7	8	6
6	1	2	4	9	7	5	3	8
2	5	1	3	6	9	8	4	7
7	9	6	8	2	3	1	5	4
1	3	8	9	7	6	4	2	5
9	8	7	5	3	4	2	6	1
8	6	5	7	4	2	9	1	3

CALCUDOKU -4

1	3	7	8	6	5	2	9	4
2	6	8	4	7	9	3	1	5
7	8	4	5	9	2	1	6	3
4	7	2	3	1	8	9	5	6
9	1	5	2	3	4	6	7	8
3	5	6	9	8	1	4	2	7
5	4	3	1	2	6	7	8	9
8	2	9	6	4	7	5	3	1
6	9	1	7	5	3	8	4	2

CALCUDOKU -5

3	2	9	6	5	1	7	4	8
2	4	1	3	7	5	8	9	6
5	8	2	1	9	3	6	7	4
6	5	8	2	4	7	9	3	1
1	3	4	9	6	8	5	2	7
9	7	6	5	8	2	4	1	3
7	1	5	8	2	4	3	6	9
4	6	3	7	1	9	2	8	5
8	9	7	4	3	6	1	5	2

CALCUDOKU -6

1	3	5	8	6	2	7	4	9
6	7	9	1	2	8	5	3	4
8	6	4	2	9	1	3	7	5
2	5	3	7	8	9	4	1	6
7	2	6	9	3	4	8	5	1
5	1	2	4	7	3	6	9	8
4	9	8	3	5	7	1	6	2
9	4	7	5	1	6	2	8	3
3	8	1	6	4	5	9	2	7

CALCUDOKU -7

1	7	3	6	5	9	8	4	2
6	9	2	5	7	4	3	1	8
5	3	6	1	8	7	4	2	9
9	4	1	2	6	8	7	5	3
8	2	7	9	1	5	6	3	4
2	6	8	4	3	1	5	9	7
7	1	4	3	9	6	2	8	5
3	8	5	7	4	2	9	6	1
4	5	9	8	2	3	1	7	6

CALCUDOKU -8

8	5	2	6	7	4	1	9	3
4	7	6	8	1	2	3	5	9
1	2	4	3	9	5	7	6	8
7	1	8	4	6	9	2	3	5
9	4	7	1	5	3	6	8	2
6	3	5	9	2	8	4	1	7
3	8	1	5	4	7	9	2	6
5	6	9	2	3	1	8	7	4
2	9	3	7	8	6	5	4	1

CALCUDOKU -9

3	7	5	6	1	4	9	8	2
9	5	3	8	2	6	1	7	4
2	3	8	4	6	9	5	1	7
5	1	9	2	4	7	8	6	3
4	2	6	1	3	5	7	9	8
6	8	7	9	5	2	4	3	1
7	9	4	5	8	1	3	2	6
8	6	1	7	9	3	2	4	5
1	4	2	3	7	8	6	5	9

CALCUDOKU -10

8	9	2	6	3	7	5	4	1
5	8	1	9	7	4	3	2	6
1	6	3	2	4	5	9	7	8
9	7	5	3	2	6	1	8	4
2	4	9	8	6	1	7	5	3
3	2	7	5	1	8	4	6	9
7	3	6	4	9	2	8	1	5
6	5	4	1	8	3	2	9	7
4	1	8	7	5	9	6	3	2

CALCUDOKU -11

4	2	5	6	3	7	9	1	8
5	8	9	3	7	4	1	6	2
9	7	6	1	5	3	8	2	4
1	5	2	7	9	8	6	4	3
8	1	3	5	2	9	4	7	6
2	9	1	4	6	5	3	8	7
6	3	7	8	4	1	2	9	5
3	6	4	9	8	2	7	5	1
7	4	8	2	1	6	5	3	9

CALCUDOKU -12

8	9	6	2	7	5	3	4	1
7	4	3	1	8	6	2	5	9
3	6	7	4	1	8	5	9	2
4	2	5	9	6	1	8	7	3
6	3	9	8	5	2	4	1	7
9	1	8	6	4	3	7	2	5
5	8	2	7	9	4	1	3	6
2	7	1	5	3	9	6	8	4
1	5	4	3	2	7	9	6	8

CALCUDOKU -13

2	3	4	5	1	7	6	9	8
5	9	3	8	6	4	2	1	7
4	6	5	7	2	1	9	8	3
6	1	7	2	3	8	4	5	9
7	4	8	1	9	6	5	3	2
3	2	1	6	7	9	8	4	5
9	5	6	4	8	2	3	7	1
1	8	9	3	4	5	7	2	6
8	7	2	9	5	3	1	6	4

CALCUDOKU -14

3	1	6	9	8	7	4	2	5
5	6	4	1	9	8	7	3	2
9	2	8	5	1	4	3	6	7
1	8	3	6	4	5	2	7	9
7	5	2	3	6	9	1	4	8
4	7	9	2	5	1	6	8	3
6	9	7	4	2	3	8	5	1
2	3	1	8	7	6	5	9	4
8	4	5	7	3	2	9	1	6

CALCUDOKU -15

8	5	4	9	6	7	2	1	3
7	6	2	3	4	9	1	5	8
3	2	5	1	9	6	7	8	4
4	1	6	8	2	5	9	3	7
6	8	1	2	3	4	5	7	9
2	7	8	4	1	3	6	9	5
5	3	9	7	8	1	4	2	6
1	9	7	6	5	8	3	4	2
9	4	3	5	7	2	8	6	1

CALCUDOKU -16

3	1	2	9	5	4	6	7	8
2	9	4	8	6	5	7	3	1
4	6	9	1	8	7	3	2	5
9	7	3	2	1	8	5	6	4
7	5	8	3	4	2	1	9	6
8	4	1	6	2	3	9	5	7
1	8	5	7	3	6	2	4	9
5	3	6	4	7	9	8	1	2
6	2	7	5	9	1	4	8	3

CALCUDOKU -17

1	7	5	3	9	6	4	8	2
8	9	7	2	3	1	5	6	4
6	5	2	1	4	7	3	9	8
7	8	4	9	6	3	2	5	1
2	1	6	5	8	4	9	7	3
5	2	3	8	1	9	6	4	7
3	6	8	4	2	5	7	1	9
4	3	9	7	5	8	1	2	6
9	4	1	6	7	2	8	3	5

CALCUDOKU -18

5	2	9	7	3	1	4	6	8
3	6	2	5	8	4	1	7	9
6	8	7	4	5	3	9	1	2
9	7	5	2	4	8	6	3	1
1	3	4	6	7	2	8	9	5
4	9	6	1	2	5	3	8	7
2	1	8	9	6	7	5	4	3
7	4	3	8	1	9	2	5	6
8	5	1	3	9	6	7	2	4

CALCUDOKU -19

6	3	5	4	7	1	2	9	8
5	7	9	2	8	3	4	6	1
7	9	6	5	2	4	1	8	3
2	5	4	8	1	9	6	3	7
1	2	3	6	9	8	7	5	4
3	4	8	1	5	6	9	7	2
9	8	1	3	4	7	5	2	6
4	6	2	7	3	5	8	1	9
8	1	7	9	6	2	3	4	5

CALCUDOKU -20

4	7	1	9	5	2	6	8	3
3	8	5	7	6	1	4	9	2
1	5	4	2	7	8	3	6	9
7	3	6	1	9	5	8	2	4
6	1	9	4	3	7	2	5	8
8	4	3	5	2	6	9	7	1
5	6	2	8	4	9	1	3	7
9	2	7	3	8	4	5	1	6
2	9	8	6	1	3	7	4	5

CALCUDOKU -21

9	7	2	3	4	8	1	6	5
8	6	7	5	3	9	2	4	1
5	4	1	6	8	7	9	2	3
2	3	4	9	1	5	8	7	6
4	2	5	8	6	1	7	3	9
3	1	9	4	2	6	5	8	7
6	9	8	1	7	2	3	5	4
7	5	3	2	9	4	6	1	8
1	8	6	7	5	3	4	9	2

CALCUDOKU -22

3	8	5	7	9	4	1	6	2
1	4	6	2	5	8	9	7	3
2	6	8	5	4	7	3	9	1
6	3	7	9	1	2	4	5	8
7	2	4	1	8	9	6	3	5
4	1	3	8	6	5	7	2	9
5	9	1	3	2	6	8	4	7
8	5	9	6	7	3	2	1	4
9	7	2	4	3	1	5	8	6

CALCUDOKU -23

8	9	7	1	5	6	3	4	2
3	5	8	6	4	1	9	2	7
2	7	3	5	9	4	8	6	1
1	8	6	4	3	7	2	5	9
7	4	5	2	1	8	6	9	3
4	1	2	7	8	9	5	3	6
5	2	9	8	6	3	1	7	4
6	3	1	9	7	2	4	8	5
9	6	4	3	2	5	7	1	8

CALCUDOKU -24

3	1	5	6	9	4	2	8	7
8	3	4	1	7	2	9	6	5
7	9	8	2	1	3	6	5	4
6	8	2	7	5	9	1	4	3
4	7	6	9	3	8	5	1	2
9	4	1	8	2	5	7	3	6
5	2	9	4	6	1	3	7	8
2	6	3	5	8	7	4	9	1
1	5	7	3	4	6	8	2	9

CALCUDOKU -25

9	5	4	1	2	6	7	8	3
3	9	5	7	8	1	4	2	6
1	3	7	6	9	5	2	4	8
4	1	3	8	5	2	6	7	9
2	6	9	5	4	8	1	3	7
8	7	1	4	6	3	5	9	2
7	2	8	9	1	4	3	6	5
5	8	6	2	3	7	9	1	4
6	4	2	3	7	9	8	5	1

CALCUDOKU -26

6	5	1	8	2	9	4	7	3
4	6	5	9	1	8	2	3	7
9	4	6	2	3	7	8	5	1
1	3	7	5	9	4	6	2	8
7	1	9	4	5	2	3	8	6
2	7	4	3	8	6	9	1	5
3	8	2	6	7	1	5	9	4
8	9	3	1	6	5	7	4	2
5	2	8	7	4	3	1	6	9

CALCUDOKU -27

6	1	8	2	7	3	4	9	5
7	2	6	4	1	5	3	8	9
1	8	5	7	3	9	6	2	4
8	7	2	3	9	4	5	1	6
2	3	9	5	4	7	1	6	8
9	4	3	1	2	6	8	5	7
5	9	1	8	6	2	7	4	3
3	6	4	9	5	8	2	7	1
4	5	7	6	8	1	9	3	2

CALCUDOKU -28

7	8	5	1	6	2	4	9	3
5	7	2	3	9	1	6	8	4
8	3	4	6	2	7	9	5	1
2	1	6	9	4	3	8	7	5
9	2	3	4	8	6	5	1	7
4	5	7	2	3	8	1	6	9
6	9	1	7	5	4	2	3	8
3	4	9	8	1	5	7	2	6
1	6	8	5	7	9	3	4	2

CALCUDOKU -29

7	1	2	9	6	4	3	8	5
5	6	9	3	2	7	4	1	8
9	7	6	5	3	1	8	4	2
8	9	3	4	1	2	5	7	6
3	5	7	8	4	9	6	2	1
4	3	1	6	9	8	2	5	7
6	2	8	7	5	3	1	9	4
1	8	4	2	7	5	9	6	3
2	4	5	1	8	6	7	3	9

CALCUDOKU -30

5	6	8	9	2	3	1	7	4
4	3	5	2	8	6	7	9	1
1	7	4	8	9	2	6	3	5
3	9	2	5	4	1	8	6	7
8	2	1	7	6	9	4	5	3
7	4	9	6	5	8	3	1	2
9	8	7	1	3	5	2	4	6
6	5	3	4	1	7	9	2	8
2	1	6	3	7	4	5	8	9

CALCUDOKU -31

3	8	5	2	7	6	1	9	4
4	9	6	3	8	2	5	7	1
6	3	7	1	4	8	2	5	9
5	2	9	4	1	7	6	8	3
7	4	2	6	3	9	8	1	5
2	5	8	7	9	1	3	4	6
9	1	4	8	5	3	7	6	2
1	7	3	9	6	5	4	2	8
8	6	1	5	2	4	9	3	7

CALCUDOKU -32

3	9	2	7	8	5	1	4	6
4	6	5	3	2	1	7	9	8
6	1	7	4	5	3	2	8	9
5	3	6	2	9	4	8	7	1
1	7	9	8	4	2	5	6	3
2	8	3	9	7	6	4	1	5
8	2	1	6	3	7	9	5	4
9	5	4	1	6	8	3	2	7
7	4	8	5	1	9	6	3	2

CALCUDOKU -33

7	5	3	8	2	1	4	9	6
2	3	6	5	1	9	7	4	8
3	4	8	1	9	2	5	6	7
5	9	7	2	6	4	8	3	1
8	6	2	4	7	5	3	1	9
9	2	1	3	4	7	6	8	5
1	8	9	6	5	3	2	7	4
4	7	5	9	8	6	1	2	3
6	1	4	7	3	8	9	5	2

CALCUDOKU -34

7	8	3	9	6	2	5	1	4
2	9	5	3	8	1	4	6	7
6	3	8	5	1	7	9	4	2
4	1	6	2	9	8	7	5	3
5	4	1	8	3	9	2	7	6
1	6	2	7	5	4	8	3	9
8	2	4	1	7	6	3	9	5
3	7	9	4	2	5	6	8	1
9	5	7	6	4	3	1	2	8

CALCUDOKU -35

7	5	9	1	8	6	3	2	4
1	7	3	4	5	2	6	8	9
2	9	6	8	4	7	5	1	3
9	8	4	3	7	1	2	6	5
5	6	2	9	3	8	4	7	1
3	4	1	6	2	5	8	9	7
4	1	8	7	6	3	9	5	2
8	3	5	2	1	9	7	4	6
6	2	7	5	9	4	1	3	8

CALCUDOKU -36

3	4	9	7	2	5	8	6	1
5	2	1	3	7	6	9	4	8
2	6	5	8	3	4	1	9	7
8	9	7	4	6	3	2	1	5
6	8	4	2	1	9	5	7	3
9	7	2	6	5	1	3	8	4
1	3	6	9	8	7	4	5	2
7	1	3	5	4	8	6	2	9
4	5	8	1	9	2	7	3	6

CALCUDOKU -37

1	7	3	5	6	2	4	9	8
4	9	2	8	5	6	7	1	3
9	1	8	6	4	7	5	3	2
5	2	9	1	3	4	8	6	7
7	3	6	4	8	9	1	2	5
2	8	5	3	9	1	6	7	4
6	5	7	2	1	8	3	4	9
3	6	4	7	2	5	9	8	1
8	4	1	9	7	3	2	5	6

CALCUDOKU -38

4	2	1	9	3	6	5	8	7
5	8	7	4	6	2	1	9	3
1	4	3	6	9	5	8	7	2
2	9	4	1	7	8	6	3	5
3	5	6	2	8	1	7	4	9
7	3	8	5	2	4	9	6	1
9	7	2	8	5	3	4	1	6
6	1	9	3	4	7	2	5	8
8	6	5	7	1	9	3	2	4

CALCUDOKU -39

2	6	1	8	9	5	7	4	3
8	4	2	9	5	6	1	3	7
4	8	3	7	2	1	5	9	6
6	1	7	4	3	8	2	5	9
9	5	4	2	6	7	3	8	1
7	3	8	5	1	2	9	6	4
1	9	5	6	7	3	4	2	8
5	7	9	3	8	4	6	1	2
3	2	6	1	4	9	8	7	5

CALCUDOKU -40

5	7	3	1	8	2	4	6	9
7	6	5	4	2	9	3	1	8
3	1	2	9	7	6	5	8	4
1	5	8	6	4	3	7	9	2
4	3	9	7	6	1	8	2	5
6	4	7	2	5	8	9	3	1
9	8	6	5	1	7	2	4	3
2	9	1	8	3	4	6	5	7
8	2	4	3	9	5	1	7	6

KAKURO - 1

		40\	12\	16\	8\		40\	11\
	\19	2	1	9	7	\11	3	8
	3\14	4	2	7	1	27\4	1	3
\17	1	7	9		\10	4	6	
\11	2	9	18\		13\16	9	7	
	\15	6	9	16\17	9	6	2	23\
	16\38	1	3	7	4	8	9	6
\28	7	8	4	9		\12	4	8
\14	9	3	2			\17	8	9

KAKURO - 2

	4\	12\		10\	18\		26\	17\
\6	1	5	4\4	3	1	\17	8	9
\26	3	7	1	6	9	28\9	1	8
	5\	25\26	3	1	5	8	9	9\
\5	2	3		\25	3	9	5	8
\11	3	8	21\		13\10	6	3	1
	17\16	7	9	9\5	4	1	10\	7\
\39	8	2	5	1	9	4	7	3
\29	9	5	7	8		\7	3	4

KAKURO - 3

	14\	39\		24\	14\		30\	17\
\14	9	5	17\9	1	8	5\13	4	9
\41	5	2	9	3	6	1	7	8
	17\18	4	8	6	19\6	4	2	9\
\4	3	1	\14	5	9	\16	9	7
\12	5	7	\11	9	2	15\10	8	2
\17	9	8	3\	5\12	3	9	16\	8\
	\33	9	2	3	5	6	7	1
	\6	3	1	2		\16	9	7

KAKURO - 4

		36\	15\	4\	10\		43\	11\
	\26	8	9	3	6	19\10	7	3
	6\37	2	6	1	4	7	9	8
\4	1	3		7\	12\8	3	5	
\6	5	1	7\24	3	4	9	8	25\
	\22	7	3	4	8	15\14	6	8
	17\9	5	4	11\	6\10	7	1	2
\13	9	4	\26	3	2	8	4	9
\14	8	6	\12	8	4	\9	3	6

KAKURO - 5

KAKURO - 6

KAKURO - 7

KAKURO - 8

KAKURO - 9

KAKURO - 10

KAKURO - 11

	14\	37\		6\	14\		37\	7\
\6	5	1	\14	5	9	7\3	2	1
\14	9	5	11\25	1	5	4	9	6
	14\16	7	9	29\	15\10	3	7	27\
\27	9	3	2	5	8	\11	4	7
\7	5	2	7\15	8	7	\12	3	9
	14\20	6	5	9	17\	7\7	1	6
\42	9	4	2	7	8	1	6	5
\14	5	9		\20	9	6	5	

KAKURO - 12

		38\	14\	10\		41\	24\	
	\24	8	9	7	4\14	8	6	
	13\31	6	5	3	1	9	7	15\
\8	6	2		\23	3	5	9	6
\16	7	9	16\	6\14	3	2	9	
	\10	3	7	3\3	1	2		
	15\23	5	9	1	2	6	7\	4\
\8	7	1	\18	2	3	7	5	1
\12	8	4			\6	1	2	3

KAKURO - 13

		36\	4\			16\	42\	16\
	20\3	2	1		31\10	2	1	7
\18	7	8	3	\25	3	6	7	9
\16	9	7		24\24	7	8	9	20\
\7	4	3	20\16	7	9	\17	8	9
	\23	5	6	8	4	\14	6	8
	12\30	6	7	9	8	4\6	5	1
\13	7	1	5		\7	1	4	2
\11	5	4	2		\5	3	2	

KAKURO - 14

		41\	5\	10\	13\			
	9\11	2	1	3	5	22\	16\	8\
\42	5	9	4	7	8	6	2	1
\6	1	5	3\	26\	\24	9	8	7
\11	3	1	2	5	24\13	7	6	
	16\25	7	1	9	8	13\	19\	
\17	9	8	17\28	4	7	8	9	16\
\43	7	3	8	1	4	5	6	9
	\27	6	9	7	5	\11	4	7

KAKURO - 15

	20\	36\		17\	11\		4\	10\
\7	3	4	16\10	8	2	30\11	3	8
\41	5	3	7	9	8	6	1	2
\24	8	7	9	\5	1	4	15\	17\
\12	4	8	21\		\22	5	8	9
	\5	1	4	14\	16\24	9	7	8
	10\26	2	8	6	9	1	15\	5\
\42	1	5	9	8	7	2	6	4
\15	9	6			\13	3	9	1

KAKURO - 16

			16\	9\			41\	26\
	21\	21\8	7	1	18\	16\17	8	9
\44	4	6	9	8	2	7	5	3
\3	2	1		8\21	3	9	1	8
\7	5	2	\15	6	9	15\8	2	6
\14	9	5	23\13	2	4	1	6	
\13	1	3	9	16\	3\16	9	7	9\
	\32	4	8	9	1	5	3	2
		\15	6	7	2	\16	9	7

KAKURO - 17

	13\	28\	10\	15\		15\	37\	
\16	4	3	1	8	4\5	2	3	13\
\40	9	8	2	7	1	3	6	4
	14\16	9	7	\23	3	4	7	9
\6	5	1			\6	5	1	
\16	9	7		16\	3\3	1	2	14\
	10\	11\	5\10	9	1	6\14	5	9
\37	9	6	3	7	2	1	4	5
\8	1	5	2		\14	5	9	

KAKURO - 18

		44\	13\				36\	17\
	22\17	9	8		15\	17\14	5	9
\22	9	8	5	14\20	1	9	2	8
\12	5	7	24\18	1	5	8	4	17\
\32	8	3	7	5	9	22\11	3	8
	\23	6	9	8	\23	8	6	9
	15\12	4	8	16\	12\16	9	7	4\
\10	8	2	\25	7	4	5	8	1
\12	7	5	\17	9	8	\4	1	3

KAKURO - 19

		44\	14\	13\	15\		41\	7\
	22\29	7	5	9	8	15\6	2	4
\42	5	2	9	4	7	8	6	1
\11	8	3			14\8	1	5	2
\13	9	4	4\	\10	1	2	7	
	\12	9	3	4\15	2	4	9	13\
	4\17	6	1	3	7	11\11	3	8
\6	1	5	\24	1	4	9	8	2
\11	3	8			\6	2	1	3

KAKURO - 20

			9\	15\		25\	9\	
		20\3	2	1	\14	8	6	9\
	\9	2	1	6	35\12	5	1	6
	9\29	1	6	8	5	4	2	3
\17	8	9		\14	8	6		
\9	1	8	5\	10\8	6	2	17\	19\
	8\	11\10	1	2	7	16\12	3	9
\43	1	5	4	8	9	7	6	3
\13	7	6			\24	9	8	7

KAKURO - 21

		41\	13\		37\	10\	3\	16\
	11\12	5	7	\19	7	1	2	9
\12	2	4	6	6\25	8	9	1	7
\15	9	6	27\6	1	5		32\	6\
	\27	7	6	5	9	15\4	3	1
	13\17	9	8	\17	3	1	8	5
\14	5	8	1	3\14	1	8	5	14\
\38	8	2	3	1	4	6	9	5
		\11	9	2		\16	7	9

KAKURO - 22

		41\	19\		8\	7\		
	27\4	1	3	17\3	1	2	33\	15\
\42	4	2	9	8	7	5	1	6
\23	1	6	7	9		25\17	8	9
\5	2	3			\5	3	2	
\17	8	9		11\	13\12	9	3	8\
\16	9	7	4\18	2	5	1	4	6
\38	3	5	1	9	8	4	6	2
	\11	8	3		\17	8	9	

KAKURO - 23

KAKURO - 24

KAKURO - 25

KAKURO - 26

KAKURO - 27

KAKURO - 28

KAKURO - 29

		36\	22\	6\	7\		40\	11\
	7\17	5	7	1	4	5\5	1	4
\43	4	8	9	5	3	1	6	7
\9	2	1	6		\6	4	2	5\
\4	1	3	18\	12\		3\9	8	1
	\18	7	9	2	\15	2	9	4
	4\8	4	1	3	11\8	1	7	8\
\26	1	2	8	6	9	\11	4	7
\9	3	6	\3	1	2	\4	3	1

KAKURO - 30

	10\	36\		16\	17\		11\	16\
\7	2	5	\10	7	3	19\12	3	9
\10	8	2	23\28	9	1	3	8	7
	7\6	4	2	6\16	9	7	12\	15\
\37	6	3	1	2	4	9	5	7
\20	1	7	8	4	12\	3\15	7	8
	16\5	1	4	15\10	8	2	3\	17\
\40	7	6	3	8	4	1	2	9
\29	9	8	5	7		\9	1	8

KAKURO - 31

			3\	20\			41\	9\
	3\	39\3	1	2	24\	\17	9	8
\26	1	6	2	8	9	17\9	8	1
\11	2	9	20\25	1	8	9	7	15\
	\39	1	3	6	7	8	5	9
	21\20	8	9	3		8\9	3	6
\24	9	7	8	11\	7\3	1	2	3\
\8	5	3	\25	9	6	7	1	2
\12	7	5	\3	2	1	\7	6	1

KAKURO - 32

				9\	10\	13\	42\	17\
		23\	14\35	5	8	6	7	9
	17\41	7	9	4	2	5	6	8
\14	8	1	5	7\	16\3	2	1	17\
\12	9	3	22\9	2	7	12\14	5	9
	12\36	4	7	5	9	1	2	8
\15	7	2	6	3\	12\17	9	8	13\
\42	5	6	9	1	7	2	4	8
			\7	2	5	\14	9	5

KAKURO - 33

		30\	10\			7\	40\	
	\16	7	9	11\	26\3	1	2	19\
	5\40	8	1	5	9	6	4	7
\13	4	9	12\7	1	6	\16	7	9
\16	1	6	3	2	4	12\4	1	3
	3\	18\27	9	3	7	2	6	
\3	1	2	6\	5\	13\4	1	3	7\
\41	2	7	5	3	6	9	8	1
	\19	9	1	2	7	\15	9	6

KAKURO - 34

	17\	24\		8\	4\		37\	16\
\16	9	7	18\9	6	3	13\12	3	9
\40	8	9	3	2	1	4	6	7
	\17	8	9	4\	17\17	8	9	
	6\	9\17	2	3	4	1	7	24\
\19	3	2	4	1	9	11\8	2	6
\4	1	3	17\	7\16	1	3	4	8
\44	2	4	9	6	3	8	5	7
		\9	8	1		\4	1	3

KAKURO - 35

KAKURO - 36

KAKURO - 37

KAKURO - 38

KAKURO - 39

KAKURO - 40

www.ingramcontent.com/pod-product-compliance
Lightning Source LLC
Chambersburg PA
CBHW082108220526
45472CB00009B/2099
9798328335423